Mein Haustierhaushalt

Théophile Gautier

(Übersetzerin: Susan Coolidge)

Writat

Diese Ausgabe erschien im Jahr 2024

ISBN:

Herausgegeben von
Writat
E-Mail: info@writat.com

Inhalt

KAPITEL I. ALTE
ZEITEN.

Es gibt Karikaturen, die uns in türkischer Kleidung darstellen, mit gekreuzten Beinen auf Kissen sitzend, umgeben von Katzen, die furchtlos über unsere Schultern und sogar auf unseren Kopf klettern. Karikatur ist nichts anderes als eine Übertreibung der Wahrheit, und die Wahrheit zwingt uns zuzugeben, dass wir unser ganzes Leben lang für Tiere im Allgemeinen und für Katzen im Besonderen die Zärtlichkeit eines Brahmanen oder einer alten Jungfer empfunden haben. Der berühmte Byron trug sogar auf seinen Reisen eine Menagerie von Haustieren mit sich herum und errichtete in der Newstead Abbey ein Grabmal für seinen treuen Neufundländer, „Boatswain", das eine Grabinschrift trägt, die der Dichter selbst verfasst hat. Aber obwohl wir seinen Geschmack teilen, dürfen wir nicht des Plagiats beschuldigt werden; denn in unserem Fall zeigte sich die Neigung bereits, bevor wir begonnen hatten, das Alphabet zu lernen.

Man sagt uns, dass ein kluger Mann dabei ist, eine „Geschichte der erzogenen Tiere" zu verfassen. Wir bieten ihm also diese Notizen an, aus denen er, soweit es unsere Tiere betrifft, zuverlässige Informationen gewinnen kann.

Unsere frühesten Erinnerungen dieser Art stammen aus der Zeit unserer Ankunft in Paris aus Tarbes. Wir waren damals genau drei Jahre alt, was die Aussagen der Herren von Mirecourt und Vapereau , die behaupten, wir hätten zu dieser Zeit in unserer Heimatstadt bereits „eine schlechte Erziehung erhalten", kaum glaubhaft macht. Wir wurden von einem Heimweh gepackt, das man einem so jungen Kind kaum zugetraut hätte. Wir konnten nur Patois sprechen , und diejenigen, die sich auf Französisch ausdrückten, kamen uns wie Ausländer und Fremde vor. Mitten in der Nacht wachten wir auf und fragten trostlos, ob wir nicht bald in unser Heimatland zurückkehren dürften.

Keine Leckerei konnte uns zum Essen verführen. Kein Spielzeug bot uns Unterhaltung. Sogar Trommeln und Trompeten konnten uns nicht aus unserer Melancholie reißen. Zu den Dingen, die am meisten betrauert wurden, gehörte ein Hund namens Cagnotte , der zwangsläufig zurückgelassen worden war. Seine Abwesenheit verursachte ein solches Elend, dass wir eines Morgens, nachdem wir unsere Zinnsoldaten, ein in grellen Farben bemaltes deutsches Dorf und unsere roteste aller Geigen aus dem Fenster geworfen hatten, im Begriff waren, demselben Weg zu folgen, in der Hoffnung, das frühere Tarbes, die Gascogne und Cagnotte zu finden , und wurden nur im letzten Moment am Kragen unserer Jacke zurückgezerrt. Josephine, unserem Kindermädchen, kam der glückliche

Gedanke, uns zu sagen, dass Cagnotte , ungeduldig, von uns getrennt zu sein, noch am selben Tag mit der Postkutsche nach Paris kommen würde. Kinder akzeptieren das Unglaubliche mit einem naiven Glauben; nichts scheint ihnen unmöglich; aber es ist gefährlich, sie zu täuschen, denn wenn sie sich einmal eine Meinung gebildet haben, ist der Versuch, sie zu ändern, hoffnungslos. Den ganzen Tag fragten wir jede Viertelstunde, ob Cagnotte war noch nicht gekommen. Schließlich ging Josephine, um uns zu beruhigen, hinaus und kaufte auf dem *Pont Neuf* einen kleinen Hund, der dem Hund von Tarbes etwas ähnelte. Zuerst waren wir misstrauisch und wollten nicht glauben, dass er derselbe war; aber man versicherte uns, dass das Reisen seltsame Veränderungen im Aussehen von Hunden hervorruft. Diese Erklärung war zufriedenstellend, und der Hund vom Pont Neuf wurde als der echte Cagnotte empfangen . Er war ein liebenswürdiger Hund, sanft und hübsch. Er leckte uns freundlich die Wangen, und seine Zunge ließ sich herab, sich weiter auszustrecken und sich dem Butterbrot zuzuwenden, das für unser Mittagessen geschnitten worden war. Zwischen uns herrschte das beste Verständnis. Trotzdem wurde der falsche Cagnotte nach und nach traurig, stumpf und in seinen Bewegungen eingeschränkt. Er rollte sich nicht mehr leicht für ein Nickerchen zusammen; seine ganze freudige Beweglichkeit verschwand; er schnappte nach Luft und aß nichts. Eines Tages, als wir ihn streichelten, entdeckten wir auf seinem Bauch etwas, das wie eine Naht aussah, die straff gespannt war, als ob sie geschwollen wäre. Die Amme wurde gerufen; sie kam, schnitt mit der Schere einen Faden ab, und siehe da! Cagnotte , der aus einer Art Jacke aus krausem Schafswollstoff hervorkam, in die ihn die Händler auf dem Pont Neuf gehüllt hatten, damit er als Pudel durchging, entpuppte sich in all seiner Armut und Hässlichkeit als gewöhnlicher Straßenköter, schlecht erzogen und wertlos. Er war fett geworden, und seine engen Kleider erstickten ihn. Von seinem Kürass befreit, schüttelte er die Ohren, streckte die Beine und sprang freudig im Zimmer umher, ganz und gar nicht beunruhigt über seine eigene Hässlichkeit, jetzt, da er sich wieder wohl fühlte. Sein Appetit kam zurück, und in seinen moralischen Eigenschaften fanden wir eine Entschädigung für den Verlust seines guten Aussehens. In der Gesellschaft von Cagnotte , der ein echtes Kind von Paris war, vergaßen wir langsam Tarbes und die hohen Berge, die wir gewohnt waren, von unseren Fenstern aus zu sehen. Wir lernten Französisch, und wir wurden auch Pariser.

Niemand soll glauben, dies sei eine erfundene Geschichte, die nur zur Unterhaltung des Lesers erfunden wurde. Die Tatsachen sind absolut wahr und zeigen, dass die Hundehändler jener Zeit ebenso einfallsreich waren wie die Jockeys von heute, wenn es darum ging, ihre Waren zu verkleiden und so ahnungslose Landleute zu betrügen.

Cagnottes Tod wandten wir uns Katzen zu, da sie echte Haustiere und bessere Freunde für den Kamin waren. Wir werden nicht versuchen, eine detaillierte Geschichte aller Katzen zu erzählen. Ganze Dynastien von Katzen, so zahlreich wie die der ägyptischen Könige, folgten in unserem Haus aufeinander; Unfälle, Todesfälle, Fluchten rissen sie nacheinander fort. Alle wurden geliebt und alle wurden betrauert; aber das Leben besteht aus Vergessen , und die Erinnerung an verstorbene Katzen wird allmählich ausgelöscht wie die Erinnerung an Menschen.

Es ist eine traurige Tatsache, dass das Leben dieser bescheidenen Freunde, unserer untergeordneten Brüder, nicht besser abschneidet als das ihrer Herren.

Nachdem wir kurz auf eine alte graue Katze angespielt haben, die sich gegen unser eigenes Fleisch und Blut einsetzte und unserer Mutter in die Knöchel biss, wenn sie uns schimpfte oder uns bestrafen wollte, kommen wir zu Childebrand , einer Katze aus der Zeit der Romantik. Aus seinem Namen wird der Leser den geheimen Wunsch erkennen, den wir empfanden, Boileau zu streiten , den wir damals nicht liebten, obwohl wir uns inzwischen mit ihm versöhnt haben. Bringt er Nicolas nicht dazu zu sagen:

„Oh, lieblicher Gedanke des Dichters, höchst unwissend und langweilig,

Unter so vielen Helden soll Childebrand ausgewählt werden "?

Es schien uns nicht, dass es von so großer Unwissenheit zeugte, einen Helden auszuwählen, über den niemand etwas wusste. Außerdem kam uns Childebrand als ein eindrucksvoller Name vor; sehr langhaarig, sehr merowingisch, gotisch und mittelalterlich bis ins letzte Maß und einem griechischen Namen bei weitem vorzuziehen – sei es Agamemnon, Achilles, Idomeneus , Ulysses oder irgendein anderer. Diese Namen waren jedoch damals in Mode, besonders unter jungen Leuten; denn – um eine Formulierung aus der Beschreibung von Kaulbachs Fresken an der Außenseite der Pinakothek in München zu verwenden – „Niemals schmückte die Hydra der Perücken mehr borstige Köpfe als in dieser Zeit"; und Personen mit einer klassischen Neigung gaben ihren Katzen zweifellos Namen wie Hektor, Ajax oder Patrokles . Unser Childebrand war ein prächtiger Dachkater mit rasiertem Fell, rehbraun und schwarz gestreift wie Saltabadils Clown in „ Der König amüsiert sich ". Seine großen grünen, mandelförmigen Augen und sein samtig gestreiftes Fell gaben ihm eine Ähnlichkeit mit einem Tiger, was uns sehr gefiel; denn wie wir schon an anderer Stelle gesagt haben, sind Katzen nichts anderes als Tiger unter einer Wolke. Childebrand hat die Ehre , in einigen unserer Verse aufzutreten, die ebenfalls Boileau in Verlegenheit bringen sollen :

Dann werde ich für dich dieses Bild von Rembrandt malen

Was mir sehr gefällt; und inzwischen Childebrand ,

Nach seiner Gewohnheit weich auf meinem Knie gebettet,

Erhebt seinen hübschen Kopf und beobachtet besorgt

Die Bewegung meines Fingers, der in der Luft Spuren hinterlässt

Die Umrisse des Bildes sollen es klar und deutlich machen.

Childebrand passte gut als Reim zu Rembrandt; denn dieses Fragment war eine Art Glaubens- und Liebesbekenntnis an einen inzwischen verstorbenen Freund, der damals unsere Begeisterung für Victor Hugo, Sainte-Beuve und Alfred de Musset teilte.

Wir müssen über unsere Katzen sagen, was Ruy Gomez de Silva dem ungeduldigen Don Carlos sagte, als er ihm die Namen und Titel seiner Vorfahren nannte, die mit „Don Silvius, dreimal gewählter Konsul von Rom" begannen: „Ich habe einige der besten übersprungen –" und so zu Madame Theophile übergehen , einer rötlichen Katze mit weißer Brust, rosa Nase und blauen Augen, die so genannt wurde, weil sie in fast ehelicher Vertrautheit mit uns lebte, am Fußende unseres Bettes schlief oder auf der Armlehne unseres Schreibtischstuhls, uns bei unseren Spaziergängen im Garten folgte, bei unseren Mahlzeiten half und nicht selten die Bissen abfing, die wir von unserem Teller in unseren Mund beförderten.

Eines Tages ließ uns ein Freund, der für kurze Zeit von zu Hause wegging, einen Lieblingspapagei in Obhut. Der Vogel, der sich in einem fremden Haus einsam fühlte, kletterte mit Hilfe seines Schnabels auf die Spitze der Stange und saß dort, rollte verängstigt mit seinen Augen, die wie vergoldete Nägel glitzerten, und faltete darüber die weißen Membranen, die als Augenlider dienten. Madame Theophile war noch nie zuvor einem Papagei begegnet, und die Neuheit weckte in ihrem Geist offensichtliches Erstaunen. Reglos wie eine ägyptische Katze, einbalsamiert in ihrem Netz von Bandagen, saß sie da, betrachtete den Vogel mit einem Ausdruck tiefer Meditation und fasste alle naturgeschichtlichen Ideen zusammen, die sie während ihrer Ausflüge auf die Dächer oder in den Hof und Garten sammeln konnte. Die Schatten ihrer Gedanken huschten über ihre wechselnden Augen, und es war nicht schwer, die Entscheidung zu lesen, zu der sie schließlich gelangte: „Dies ist – ganz entschieden – ein grünes Huhn!"

Als sie zu diesem Schluss gelangt war, sprang die Katze von dem Tisch, den sie als Beobachtungsposten gewählt hatte, und kauerte sich in eine Ecke des Zimmers, mit dem Bauch auf dem Boden, die Knie gebeugt, den Kopf gesenkt und die Wirbelsäule versteift wie die des schwarzen Panthers auf Géromes Bild, der die Gazellen anstarrt, die am See trinken.

Der Papagei verfolgte jede Bewegung der Katze mit fieberhafter Unruhe. Seine Federn sträubten sich, er rasselte mit seiner Kette, hob eine seiner Krallen und übte damit, während er seinen Schnabel am Rand des Futternapfes wetzte. Sein Instinkt sagte ihm, dass dies ein Feind war, der Unheil im Schilde führte.

DIE AUGEN DER KATZE WAREN MIT FASZINIERTER INTENSITÄT AUF DEN VOGEL GERICHTET.

Die Augen der Katze hingegen waren mit faszinierter Intensität auf den Vogel gerichtet und sagten so deutlich, wie Augen sprechen können und in einer Sprache, die der Papagei nur zu gut verstand: „Obwohl dieses Huhn noch grün ist, ist es ohne Zweifel gut zu essen."

Während wir diese Szene mit Interesse beobachteten, bereit, einzugreifen, wenn es notwendig schien, näherte sich Madame Theophile unmerklich ihrer Beute. Ihre rosa Nase zitterte, ihre Augen waren halb geschlossen, ihre elastischen Krallen fuhren aus und verschwanden dann wieder in ihren Samtscheiden. Kleine Schauer liefen ihr über den Rücken: Sie war wie ein Feinschmecker, der sich vor einem Gericht mit Hühnchen mit Trüffeln an den Tisch setzt und im Voraus mit den Lippen schmatzt, wenn er das erlesene und köstliche Mahl genießt, das er gleich genießen wird. Diese exotische Köstlichkeit kitzelte all ihre sinnlichen Fähigkeiten.

Plötzlich krümmte sich ihr Rücken wie ein gespannter Bogen, und mit einem kräftigen, elastischen Sprung landete sie auf der Stange. Der Papagei, der die Gefahr erkannte, in der er schwebte, bemerkte mit tiefer Bassstimme, so leise und feierlich wie die von M. Joseph Prudhomme : „Hast du gefrühstückt, Jacquot ?"

Diese Bemerkung löste bei der Katze offensichtlich Bestürzung aus. Sie machte einen plötzlichen Sprung nach hinten. Ein Trompetenstoß, ein Stapel Teller, die zu Boden krachten, ein Pistolenschuss dicht am Ohr hätten bei einem Tier ihrer Art keinen plötzlicheren und schwindelerregenderen Schrecken auslösen können. Alle ihre ornithologischen Vorstellungen wurden in einem einzigen Moment über den Haufen geworfen.

„Und worauf? Auf das Roastbeef des Königs?", fuhr der Papagei fort.

Das Gesicht der Katze sagte nun so deutlich wie Worte: „Das ist kein Vogel. Es ist ein Gentleman! Er spricht!"

„Wenn ich mich am Wein ergötzte,

Die Taverne dreht sich mit mir um",

sang der Vogel mit furchterregender Stimme; denn er erkannte, dass der Schrecken, den seine Worte auslösten, sein bestes Verteidigungsmittel war . Die Katze warf uns einen fragenden Blick zu, und als sie keine beruhigende Antwort erhielt, flüchtete sie unter das Bett, von wo sie für den Rest des Tages nicht mehr herauszulocken war.

Menschen, die nicht daran gewöhnt sind, mit Tieren zu leben, oder die wie Descartes in ihnen nichts als unvernünftige Organismen sehen, werden zweifellos annehmen, dass diese Pläne und Überlegungen, die wir Vögeln und anderen Tieren zuschreiben, reine Erfindungen unserer Einbildungskraft sind. Darin irren sie sich: Wir interpretieren ihre Ideen nur und übertragen sie getreulich in die menschliche Sprache.

Am nächsten Tag fasste Madame Theophile wieder ihren Mut und versuchte es noch einmal mit dem Papagei, der jedoch auf die gleiche Weise zurückgewiesen wurde. Danach gab sie es auf und akzeptierte den Vogel als Menschen.

Dieses sensible und bezaubernde Tier liebte Parfüme. Patchouli, der Duft von Kaschmir, versetzte sie in Ekstase. Sie hatte auch eine Vorliebe für Musik; auf einem Stapel von Partituren sitzend, hörte sie aufmerksam und mit offensichtlichem Vergnügen Sängern zu, die kamen, um ihre Stimmen an unserem Klavier zu testen und Kritik zu erhalten. Hohe Töne machten sie jedoch nervös, und beim hohen „La" neigte sie dazu, den Mund der Sängerin mit einem Schlag ihrer kleinen Pfote zu schließen. Es war ein Experiment, das uns viel Spaß machte und nie fehlschlug. Unser katzenartiger Amateur verwechselte den Ton nie und ließ ihn nie ungestraft durchgehen.

DIE WEISSE DYNASTIE.

KAPITEL II.
DIE WEISSE DYNASTIE.

Kommen wir nun zu einer moderneren Epoche. Von einer Katze, die Mademoiselle Aita de la Penuela importiert hatte , eine junge spanische Künstlerin, deren Studien weißer Angorakatzen die Schaufenster der Druckereien schmückten und noch immer schmücken, bekamen wir ein möglichst kleines Kätzchen, das aussah wie eines jener Schwanenflaumpüppchen, die man in Reispuderdosen verwendet. Wegen dieser makellosen Weiße erhielt er den Namen Pierrot , der, als er größer wurde, zu Don Pierrot de Navarre erweitert wurde – ein Name, der unendlich majestätischer war und einen Hauch wahrer Erhabenheit in sich trug. Don Pierrot wuchs, wie alle Tiere, die man streichelt und verwöhnt, bezaubernd liebenswürdig auf. Er teilte unser Familienleben mit jener Freude, die Katzen daran empfinden, an den vertraulichen Zusammenkünften des Kaminfeuers teilzuhaben. An seinem gewohnten Platz neben dem Feuer sitzend, schien er immer die Unterhaltung zu verstehen und sich dafür zu interessieren. Er folgte den Blicken der Redner und stieß von Zeit zu Zeit ein leises Miauen aus, als ob auch er Einwände hätte und seine Meinung zu den literarischen Themen, die normalerweise das Thema unserer Unterhaltung waren, hinzufügen wollte. Er liebte Bücher, und wann immer er eins aufgeschlagen auf dem Tisch liegen sah, setzte er sich daneben, betrachtete die Seiten aufmerksam und blätterte manchmal sanft mit seiner Klaue darin. Normalerweise schlief er am Ende ein, so fest, als ob er tatsächlich einen modernen Roman gelesen hätte!

Wenn wir uns zum Schreiben hinsetzten, sprang er immer auf den Schreibtisch und beobachtete mit großer Aufmerksamkeit die Spitze der Stahlfeder, die Fliegenbeine über die weiße Oberfläche des Papiers verteilte, wobei er zu Beginn jeder neuen Zeile eine kleine Kopfbewegung machte. Manchmal hatte er Lust, bei der Arbeit mitzumachen, und versuchte, uns die Feder wegzunehmen, zweifellos in der Absicht, sie seinerseits zu benutzen; denn er war eine ästhetische Katze, wie die von Hoffman beschriebene Katze Murr , und wir hatten den starken Verdacht, dass er die Nächte in irgendeiner versteckten Gosse verbrachte und im Licht seiner eigenen phosphorhaltigen Augen seine Memoiren schrieb. Leider sind diese Gedanken , falls sie jemals existierten, für immer verloren.

Don Pierrot de Navarre legte sich nie schlafen, bis wir nach Hause gekommen waren. Er wartete immer gleich hinter der Tür, und sobald wir das Vorzimmer betraten, rieb er sich an unseren Beinen, krümmte seinen Rücken und schnurrte fröhlich und freundlich. Dann kam er herein, ging uns wie ein Page voran und hätte mit ein wenig Drängen zweifellos eingewilligt, den Kerzenständer zu tragen.

Nachdem er uns so in unser Schlafzimmer geführt hatte, wartete er, bis wir ausgezogen waren, sprang dann ins Bett, umarmte unseren Hals mit seinen kleinen Pfoten, rieb seine Nase an unserer und leckte uns mit seiner kleinen rosa Zunge, die rau wie eine Feile war, während er kurze, unartikulierte Schreie ausstieß, die seine Freude über unsere Rückkehr so deutlich wie möglich zum Ausdruck brachten. Nachdem er dann seine Zuneigung durch diese Demonstrationsrationen zum Ausdruck gebracht hatte und die Stunde des Schlafens gekommen war, stieg er auf das Kopfende des Bettes und schlummerte dort, wie ein Vogel auf einem Ast. Sobald wir morgens aufwachten, stieg er herab, streckte sich dicht neben uns aus und wartete ruhig, bis es Zeit zum Aufstehen war.

PIERROT.

Mitternacht war seiner Meinung nach die Zeit, zu der wir ins Haus zurückkehren mussten. Pierrot und der *Concierge* waren sich in diesem Punkt völlig einig. Gerade hatten wir uns mit ein paar Freunden zusammengetan, um einen kleinen Club zu gründen, den wir „Die Gesellschaft der vier Kerzen" nannten, da der Raum, in dem wir uns trafen, von vier Kerzen in silbernen Kerzenständern beleuchtet wurde, die an den vier Ecken eines Tisches standen. Manchmal wurde das Gespräch so fesselnd, dass wir wie Aschenputtel die Uhrzeit vergaßen und Gefahr liefen, unsere Kutschen in Kürbisse und unsere Kutscher in Ratten verwandelt vorzufinden. Pierrot wartete bis zwei oder drei Uhr morgens auf unsere Rückkehr; dann waren seine Gefühle so tief verletzt, dass er tatsächlich ohne uns zu Bett ging. Dieser stumme Protest gegen unsere unschuldigen Unregelmäßigkeiten war so rührend, dass wir es uns danach zum Ziel machten, pünktlich um Mitternacht nach Hause zu kommen; aber Pierrot hegte noch lange einen Groll gegen uns. Er wollte Beweise dafür, dass unsere Reue echt war; und erst als die Zeit ihn von der Aufrichtigkeit unserer Reue überzeugt hatte, nahm er uns wieder in seine Gunst und nahm seine alte Position hinter der Tür des Vorzimmers wieder ein.

Die Freundschaft einer Katze ist schwer zu gewinnen. Katzen sind philosophische Tiere – gesetzt, ruhig , in ihren Gewohnheiten fest verwurzelt, sie glauben fest an Anstand und Ordnung und sind überhaupt nicht dazu geneigt, gedankenlose Zuneigung zu zeigen. Sie werden Ihre Freunde sein, wenn Sie sich als freundschaftswürdig erweisen, aber sie werden nie Ihre Sklaven sein. Selbst in Momenten der Zärtlichkeit bewahrt eine Katze ihre Willensfreiheit und kann nicht dazu gebracht werden, Forderungen nachzukommen, die ihr unvernünftig erscheinen. Aber wenn sie sich Ihnen einmal als Freund hingibt, wie viel absolutes Vertrauen schenkt sie Ihnen! Welche Treue der Zuneigung! Sie wird Ihr Gefährte in Ihren einsamen Stunden, in Ihrer Melancholie, bei Ihrer Arbeit. Sie wird ganze Abende schnurrend auf Ihren Knien verbringen, glücklich in Ihrer Gesellschaft und die von Tieren ihrer eigenen Art meiden. Vergeblich schallt verlockendes Miauen von den Dächern, das ihn zu einer jener Katzensoireen lockt, bei denen saftige Ablenkungsmanöver den Tee ersetzen: er lässt sich nicht weglocken und nimmt bis zum Ende an Ihrer Nachtwache teil. Wenn Sie ihn auf den Boden setzen, springt er mit einem murmelnden Geräusch, das wie ein leiser Vorwurf klingt, an seinen Platz zurück. Manchmal, wenn er in der Nähe steht, sieht er Sie mit Augen an, die so voller schmelzender Zärtlichkeit, so liebevoll und so menschlich sind, dass Sie fast erschrecken; denn es scheint unmöglich, dass in einer solchen Hinsicht die Vernunft fehlen kann.

Don Pierrot de Navarre hatte eine Gefährtin derselben Rasse, die nicht weniger weiß war als er selbst. Alle Vergleiche, die wir in „Die Sinfonie in Weiß, Dur" aneinandergereiht haben, können die Vorstellung dieser makellosen Schneeweißheit nicht ausdrücken, die sogar das Fell des

Hermelins gelb erscheinen lässt. Diese zweite Katze wurde zu Ehren von Balzacs Swedenborg-Roman Seraphita genannt. Nie strahlte die Heldin dieser wunderbaren Legende eine reinere Weiße aus, nicht einmal, als sie in Begleitung von Minna die eisigen Gipfel des Falbergs erklomm . Seraphita war von nachdenklicher und verträumter Natur. Sie lag stundenlang auf ihrem Kissen, nicht schlafend, sondern verfolgte mit eindringlichem Augenausdruck Anblicke, die für gewöhnliche Sterbliche unsichtbar waren. Sie liebte es, gestreichelt zu werden, aber sie streichelte im Gegenzug nur einige wenige Auserwählte, denen ihre schwer erkämpfte Wertschätzung zuteil wurde. Sie liebte den Luxus; und wir fanden sie immer auf dem weichsten Stuhl und dem Stück Stoff, das ihr schwanenartiges Fell am besten zur Geltung brachte. Ihre Toilette nahm enorm viel Zeit in Anspruch; jeden Morgen ihres Lebens wurde jedes einzelne Stück ihres Fells zum Glänzen gebracht. Sie wusch sich mit ihren Pfoten; und jedes Haar ihres Fells, das sie sorgfältig mit ihrer rosigen Zunge bürstete, glänzte wie neues Silber. Wenn sie jemand streichelte, ließ sie sofort jede Spur der Berührung verschwinden: die kleinste Unordnung störte sie. Ihre Eleganz und Vornehmheit waren wahrhaft aristokratisch: In der Katzenwelt muss sie mindestens den Rang einer Herzogin gehabt haben. Sie war ganz vernarrt in Parfüms, tauchte ihren Kopf in Blumensträuße und knabberte mit kleinen Zittern der Zufriedenheit an Taschentüchern, die in Düfte getaucht waren. Sie ging auf dem Toilettentisch auf und ab, schnüffelte an den Duftfläschchen und ließ sich gern körperlich in das parfümierte Reispulver tauchen. So war Seraphita , und nie hat eine Katze einen poetischeren Namen besser gerechtfertigt.

Etwa um diese Zeit kamen zufällig zwei jener falschen Matrosen, die gestreifte Tischdecken, aus Ananasfäden gewebte Taschentücher und andere ausländische Waren verkaufen, durch unsere Straße in Longchamps . Sie brachten in einem winzigen Käfig zwei Wanderratten mit, die die schönsten rosafarbenen Augen der Welt hatten. Weiße Tiere waren damals unsere Leidenschaft, und wir trieben diese Leidenschaft so weit, dass sogar unser Hühnerhof mit weißen Hähnen und Hühnern gefüllt war. Wir kauften die weißen Ratten und ließen einen großen Käfig für sie bauen, mit Innentreppen, die in verschiedene Stockwerke führten – zu Speisezimmern, Schlafkammern und mit Trapezen ausgestatteten Turnhallen. In diesem Käfig waren sie glücklicher und besser untergebracht als selbst die Ratte von La Fontaine inmitten seines holländischen Käses.

Diese hübschen Geschöpfe – vor denen so viele Menschen aus unerfindlichen Gründen eine alberne Angst haben – wurden erstaunlich zahm, sobald sie sicher waren, dass ihnen nichts Böses zugestoßen war. Sie ließen sich wie Kätzchen streicheln und leckten unseren Finger zwischen ihre winzigen rosa Pfoten, die geradezu zart waren, und leckten ihn freundlich. Normalerweise ließ man sie am Ende unserer Mahlzeiten los und kletterte auf unsere Arme, Schultern und Köpfe und huschte mit einzigartiger Geschicklichkeit und Behändigkeit in die Ärmel unserer Jacke oder unseres Morgenmantels hinein und wieder hinaus. Der Grund für all diese anmutig ausgeführten Übungen war, die Erlaubnis zu erhalten, in den Resten des Nachtischs herumzustöbern. Auf den Tisch gestellt, räumte das Paar im Handumdrehen jede Walnuss oder Haselnuss, jede getrocknete Rosine, jedes Stück Zucker weg, das übrig blieb. Nichts war lustiger als die neugierigen und verstohlenen Blicke, die sie dabei um sich warfen, oder ihr überraschter Gesichtsausdruck, wenn sie sich auf der Kante des Tischtuchs wiederfanden. Wenn ein kleines Brett aus dem Käfig auf den Tisch gelegt wurde, liefen sie freudig darüber und verstauten ihre Beute in ihrem Privatschrank.

Das Paar vermehrte sich rasch, bis ganze Familien von gleicher Weiße die Treppen des Käfigs auf- und abstiegen. Schließlich befanden wir uns an der Spitze von dreißig Ratten, die sich alle so sehr bei uns zu Hause fühlten, dass sie sich bei kaltem Wetter ohne die geringste Vorsicht in unsere Taschen verkrochen und dort lagen, um sich warm zu halten. Manchmal ließen wir die Tür des Ratopolis offen , gingen in den zweiten Stock des Hauses und stießen einen unseren Schülern wohlbekannten Pfiff aus. Dann schwärmte die kleine Crew, die nur mit großer Mühe von einer Treppenstufe zur anderen klettern konnte, nach oben, klammerte sich am Geländer fest, zog sich an den Balustern vorwärts, folgte einander in einer Reihe mit der Regelmäßigkeit von Akrobaten den steilen Weg hinauf, auf dem gelegentlich eine ausrutschte und uns mit kleinen Schreien und der lebhaftesten Freude entgegenrannte.

Wir müssen jetzt einen Akt der Brutalität gestehen. Wir hatten so oft gehört, dass der Schwanz einer Ratte einem rosa Wurm ähnelt und die Schönheit des Tieres beeinträchtigt, dass wir schließlich eine aus unserer Menagerie auswählten und das viel geschundene Anhängsel abschnitten. Die kleine Ratte überstand die Operation gut, wuchs tapfer heran und wurde eine Meisterratte mit einem schönen Schnurrbart; aber trotz der Erleichterung des Gewichts ihres Schwanzes war sie immer weniger beweglich als ihre Gefährten, war bei gymnastischen Übungen vorsichtig und stürzte häufig. Wenn die Truppe die Treppe hinauflief, kam sie ausnahmslos als Letzter an und sah immer aus wie ein Akrobat, der sein Seil testet und sich seines Gleichgewichts nicht ganz sicher ist. Dieses Experiment überzeugte uns von der Nützlichkeit eines Schwanzes für Ratten. Er hält sie im Gleichgewicht, wenn sie an Gesimsen und schmalen Vorsprüngen entlanglaufen. Wenn sie sich rasch nach rechts oder links wenden, dreht sich der Schwanz ebenfalls und dient als Gegengewicht; und dies ist die Ursache für das ständige Wackeln, das es charakterisiert. Die Natur erschafft selten etwas Überflüssiges, und aus diesem Grund sollten wir sehr vorsichtig sein, wenn wir versuchen, ihr Werk zu verbessern.

Sie werden sich zweifellos wundern, wie unsere Ratten und Katzen, einander so völlig unsympathische Geschöpfe – von denen die eine die natürliche Beute der anderen ist – es schafften, zusammenzuleben. Und zwar auf die freundschaftlichste Art und Weise, die man sich vorstellen kann. Die Katzen zeigten den Ratten nie ihre Krallen, und die Ratten zeigten nie die geringste Furcht oder Misstrauen den Katzen gegenüber. Dieses Verhalten der Katzen war durch und durch aufrichtig, und nicht ein einziges Mal mussten die Ratten den Tod eines Kameraden betrauern. Don Pierrot de Navarre zeigte die zärtlichste Zuneigung für diese winzigen Nachbarn. Er legte sich stundenlang neben den Käfig und sah ihnen beim Spielen zu. Wenn die Zimmertür zufällig geschlossen war, kratzte er und miaute leise, damit sie geöffnet wurde, damit er wieder zu seinen kleinen weißen Freunden kommen konnte, die nicht selten aus ihrem Käfig kamen und neben ihm einschliefen. Seraphita , die von erhabenerer Natur war als er und den moschusartigen Geruch von Ratten nicht so sehr mochte, nahm an diesen Spielen nie teil; Aber sie tat den Ratten nichts zuleide und ließ sie an sich vorbeigehen, ohne auch nur eine Kralle auszufahren.

Das Ende dieser Ratten war recht seltsam. An einem schwülen Sommertag, als das Thermometer die normale Hitze Senegals anzeigte, wurde ihr Käfig im Garten aufgestellt, im Schatten einer mit Weinreben bewachsenen Laube; denn sie schienen unter der Hitze zu leiden. Ein schwerer Sturm zog auf mit heftigen Windböen, Blitzen und Regen. Die hohen Pappeln am Flussufer bogen sich wie Schilf. Mit einem Regenschirm bewaffnet wollten wir gerade hinausgehen, um nach unseren Haustieren zu suchen, als uns ein greller Blitz, der den Himmel bis in die Tiefen zu spalten schien , auf der ersten Stufe der Treppe, die von der Terrasse in den Garten führte, aufhielt. Es folgte ein gewaltiger Donnerschlag, lauter als der Schuss von hundert Kanonen. Der Schock war so heftig, dass er uns fast zu Boden warf.

Nach dieser Explosion ließ der Sturm etwas nach, und als wir zur Laube eilten, fanden wir die zweiunddreißig Ratten mit erhobenen Pfoten daliegen, alle vom selben Blitz getroffen.

Der Draht ihres Käfigs hatte ohne Zweifel den Blitz angezogen. So starben 32 Wanderratten gemeinsam, so wie sie zusammen gelebt hatten – ein beneidenswerter Tod, den das unerbittliche Schicksal nicht oft gewährt!

DIE SCHWARZE DYNASTIE.

KAPITEL III.
DIE SCHWARZE DYNASTIE.

Don Pierrot de Navarre, ein gebürtiger Havannaer, brauchte eine sehr warme Temperatur. Diese Temperatur wurde ihm in unseren Zimmern geboten; aber um das Haus herum lagen ausgedehnte Gärten, die durch Maschendrahtzäune abgetrennt waren, die einer Katze keine Schwierigkeiten bereiteten, und die mit großen Bäumen bepflanzt waren, in deren Zweigen zahllose Vögel zwitscherten und sangen. Nicht selten nutzte Pierrot eine offene Tür und flüchtete abends, um eine private Jagd über die taunassen Rasenflächen und Blumenbeete zu genießen. Manchmal musste er bis zum Tagesanbruch warten, bevor er das Haus wieder betreten konnte; denn obwohl er unter den Fenstern miaute, weckte sein Signal die Schläfer im Inneren nicht immer. Seine Brust war immer empfindlich gewesen, und in einer frostigen Nacht erkältete er sich, was sich schnell zu Schwindsucht entwickelte. Armer Pierrot ! Nach einem Jahr des Hustens war er schmerzhaft dünn geworden. Sein Fell, einst so seidig, verlor seinen Glanz und erinnerte an die stumpfe, undurchsichtige Weiße eines Leichentuchs. Seine großen, durchsichtigen Augen wirkten im Kontrast zu seinem armen kleinen Gesicht riesig. Seine rosa Nase wurde blass, und er schleppte seine Füße langsam an seiner sonnenbeschienenen Lieblingsmauer entlang, beobachtete die gelben Herbstblätter, die der Wind in spiralförmigen Flügen umherwirbelte, und sah aus, als würde er sich die Elegie von Millevoye vortragen .

Es gibt nichts Rührenderes auf der Welt als ein krankes Tier. Es erträgt seine Leiden mit solch süßer, trauriger Ergebung. Es wurde alles Mögliche getan, um Pierrot zu retten. Er hatte einen geschickten Arzt, der ihn mit einem Stethoskop untersuchte und seinen Puls fühlte. Eselsmilch wurde bestellt und das arme Ding schlürfte sie bereitwillig aus seiner kleinen Porzellanuntertasse. Er lag stundenlang auf unseren Knien, ausgestreckt und unbeweglich wie der Schatten einer Sphinx. Wir konnten seine Wirbel mit unseren Fingern zählen, wie die Perlen eines Rosenkranzes. Wenn er versuchte, auf unsere Liebkosungen mit einem schwachen Miauen zu antworten, klang es wie ein Todesröcheln. Am Tag seines Todes, als er keuchend auf der Seite lag, erhob er sich mit größter Anstrengung und kroch auf uns zu, wobei er seine geweiteten Augen mit einem Blick aufriss, der mit einer inbrünstigen Bitte unsere Hilfe anzufordern schien. Er sagte so deutlich, wie Worte es nur sagen können: „Komm und rette mich, du, der du ein Mensch bist!" Dann taumelte er, seine Augen wurden starr; und er fiel mit einem so verzweifelten, so kläglichen, so qualvollen Schrei, dass wir in stummem Entsetzen dasaßen. Er wurde am Ende des Gartens begraben, unter einem weißen Rosenbaum, der noch heute die Stelle seines Grabes markiert.

Zwei oder drei Jahre später starb auch Seraphita an einer mysteriösen Krankheit, gegen die alle Mittel der Wissenschaft wirkungslos blieben. Sie ist nicht weit von Pierrot begraben .

Mit ihnen starb die *Dynastie Blanche* aus, nicht jedoch die Familie. Denn diesem Paar, weiß wie Schnee, wurden drei Kätzchen geboren, schwarz wie Tinte. Wer kann dieses Mysterium erklären? Das Aufsehen erregendste damals war Victor Hugos Roman „Les Misérables ". Niemand sprach von etwas anderem, und die Namen seiner Helden und Heldinnen waren in aller Munde. Natürlich wurden daher die beiden männlichen Kätzchen Enjolras und Gavroche getauft , während ihre Schwester den Titel Eponine erhielt . Schon in sehr jungen Jahren lernten sie eine Anzahl hübscher Tricks. Unter anderem brachte man ihnen bei, wie ein Hund einem Ball aus zusammengerolltem Papier hinterherzulaufen und ihn wieder zurückzuholen, wenn man ihn über eine gewisse Distanz geworfen hatte. Selbst wenn man den Ball bis an die Gesimse der Kleiderschränke warf, hinter Stapeln von Laken auf einem Regal versteckte oder in eine tiefe Vase fallen ließ, fanden sie ihn immer und holten ihn sicher mit ihren Pfoten. Später im Leben lernten sie, diese frivolen Vergnügungen zu verachten und eigneten sich jene ruhige und verträumte Philosophie an, die das wahre Wesen der Katze ausmacht.

Wenn Menschen zum ersten Mal in einem der Südstaaten Amerikas landen, sind die Neger, die sie sehen, für sie einfach Neger; sie können sie nicht voneinander unterscheiden. Für ein unaufmerksames Auge sind drei schwarze Katzen also drei schwarze Katzen und nichts weiter. Aufmerksame Personen machen jedoch keine solchen Fehler. Die Physiognomien der Tiere unterscheiden sich voneinander wie die der Menschen; und wir hatten nie die geringste Schwierigkeit, zwischen diesen drei Gesichtern zu unterscheiden, die alle schwarz sind wie die Maske eines Harlekins und von smaragdgrünen Scheiben mit goldenen Reflexen erhellt werden.

Enjolras , der bei weitem hübscheste der drei Katzen, konnte an seinem großen, löwenähnlichen Kopf, seinen schnurrbärtigen Wangen, den starken Schultern, dem langen Rücken und einem prächtigen Schwanz, der sich wie eine Feder ausbreitete, erkannt werden. Er hatte etwas Theatralisches und Nachdrückliches an sich und war süchtig nach *Posen* wie ein Lieblingsschauspieler. Seine langsamen, wogenden Bewegungen waren voller Majestät. Man konnte sich darauf verlassen, dass er über Konsolen ging, die mit Schätzen aus Porzellan und venezianischem Glas beladen waren, so umsichtig setzte er seine Schritte. Er war vom Charakter her kein großer Stoiker und seine Vorliebe für Leckereien hätte seinen Namensvetter

Enjolras , diesen nüchternen und reinen jungen Mann, entsetzt, der zweifellos zu ihm gesagt hätte, wie der Engel es zu Swedenborg tat: „Du isst zu viel." Diesem gefräßigen Drang, der so drollig war wie der eines gastronomischen Affen, wurde nachgegeben und Enjolras erreichte eine Größe und ein Gewicht, die für eine Hauskatze höchst ungewöhnlich sind. Wir kamen auf die Idee, ihn wie einen Pudel zu rasieren, um seine Ähnlichkeit mit einem Löwen zu vervollständigen. Er hatte eine Mähne und einen dichten Haarbüschel am Ende seines Schwanzes. Wir wollen nicht schwören, dass es nicht Teil der ursprünglichen Absicht war, ihn mit Hammelkeulen-Schnurrhaaren auszustatten, wie sie auf dem Porträt von Munito zu sehen sind . So ausgestattet sah er, das muss man gestehen, weniger wie ein Löwe aus dem Dschungel oder vom Kap als wie eine japanische Chimäre aus. Nie wurde eine absurdere Laune am Körper eines lebenden Tieres ausgeführt. Sein Haar war so kurz rasiert, dass die Haut sichtbar wurde , die seltsame bläuliche Töne aufwies und auf höchst merkwürdige Weise mit der Schwärze seiner Mähne kontrastierte.

Gavroche war, wie es dem Charakter seines Namensvetters im Roman entsprach, eine Katze mit einem schlauen und verstohlenen Wesen. Er war kleiner als Enjolras , aber seine Beweglichkeit war höchst komisch und überraschend. Er ersetzte die Witze und den Slang des Pariser *Gamins* durch Kapriolen, Purzelbäume und lächerliche Bewegungen. Wir müssen gestehen, dass Gavroche trotz dieser anziehenden Eigenschaften nie eine Gelegenheit ausließ, sich aus dem Salon zu schleichen, um sich auf der Straße oder im Hof zu vagabundierenden Katzen zu gesellen.

„Von jeder Geburt und Blut, das dem Ruhm unbekannt ist",

auf Partys der unkultiviertesten Art, wobei er seine Würde als Katze aus Havanna völlig vergaß: Sohn des berühmten Don Pierrot de Navarre, Granden ersten Ranges von Spanien, und der Marquise Seraphita , deren Manieren so hochmütig und verächtlich waren. Manchmal führte er als Leckerbissen einen vom Hunger abgemagerten und nur noch aus Haut und Knochen bestehenden Kameraden, den er während seiner Wanderungen aufgesammelt hatte, zu seinem Haferbreiteller und stellte ihn mit dem ganzen Gehabe eines herablassenden Prinzen vor. Der arme Kerl mit den hängenden Ohren, dem Seitenblick und dem eingezogenen Schwanz fürchtete, sein kostenloses Mittagessen könne jeden Augenblick durch den Besen des Hausmädchens unterbrochen werden. Er schlang doppelte, dreifache, vierfache Bissen hinunter und machte, wie *Siete-Aguas* oder Seven Waters der spanischen *Posada , den Teller in wenigen Sekunden so sauber, als wäre er von einer holländischen Hausfrau geschrubbt worden, um* Mieris oder Gerard Dow als Vorbild zu dienen .

Beim Anblick dieser auserwählten Schützlinge Gavroches kam uns oft der Satz in den Sinn, mit dem Gavarni eine seiner Karikaturen illustriert: „Das sind gute Freunde, die Ihr Euch ausgesucht habt, um mit ihnen umherzugehen!" Aber letztendlich waren sie nur ein Beweis für Gavroches wahre Herzensgüte; denn er hätte leicht alles selbst aufessen können.

Die Katze, die den Namen der interessanten Eponine trug , war schlanker und zierlicher gebaut als ihre Brüder. Ihre Nase war etwas länger, ihre Augen lagen schräg am Kopf wie die einer Chinesen und waren von einem grünen Farbton wie die Augen der Pallas Athene , denen Homer stets das Epitheton γλ αυκώπις anheftet. Ihre samtig schwarze Nase, so feinkörnig wie eine Périgord -Trüffel, ihr ständig wedelnder Schnurrbart bildeten eine ausdrucksstarke Physiognomie. Ihr prächtiges schwarzes Fell zitterte ständig und glitzerte in wechselndem Glanz . Nie gab es ein so sympathisches, nervöses und theatralisches Geschöpf wie Eponine . Wenn man ihr in der Dämmerung ein- oder zweimal mit der Hand über den Rücken strich, blitzten kleine blaue Funken aus dem Fell. Eponine hing uns so ergeben an, wie die Eponine des Romans Marius anhing; aber da wir nicht mit einer Cosette beschäftigt waren , wie dieser liebe junge Mann, konnten wir die Zuneigung dieser zärtlichen und ergebenen Katze erwidern, die noch immer unsere Gefährtin bei unserer Arbeit und die Freude unserer Vorstadteinsiedelei ist. Beim Klingeln der Tür läuft sie hinaus, empfängt die Besucher, zeigt ihnen den Salon, bittet sie, sich zu setzen, spricht mit ihnen; ja, *spricht* , plappert weiter mit Gemurmel und kleinen Schreien, die nicht im Geringsten denen ähneln, die Katzen untereinander verwenden, aber die der Sprache der Menschen ähneln. Was sie sagt, fragen Sie sich? Sie sagt in der verständlichsten Sprache: „Meine Herren und Damen, seien Sie nicht ungeduldig; sehen Sie sich die Bilder an oder unterhalten Sie sich mit mir, wenn Sie möchten. Monsieur wird gleich hier sein." Wenn wir eintreten, zieht sie sich diskret in einen Lehnsessel oder in die Ecke des Klaviers zurück und hört der Unterhaltung zu, ohne zu versuchen, daran teilzunehmen, wie ein höfliches Tier, das mit den Gewohnheiten der guten Gesellschaft vertraut ist.

Diese bezaubernde Eponine hat so viele Beweise für ihre Verdienste, ihre Intelligenz und ihre hervorragenden sozialen Eigenschaften geliefert, dass sie durch allgemeine Zustimmung zur Würde einer *Person erhoben wurde* ; denn es besteht kein Zweifel daran, dass ihr Verhalten von einer Vernunft bestimmt wird, die weit über dem Instinkt steht. Diese Würde gibt ihr das Recht, bei Tisch wie ein Mensch zu essen und nicht wie Katzen aus einer Untertasse, die in einer Ecke auf dem Boden steht. Eponine hat daher beim Frühstück und Abendessen ihren Stuhl, der regelmäßig neben unserem eigenen steht. In Anbetracht ihrer Gestalt und Größe ist es ihr gestattet, ihre Vorderpfoten auf die Tischkante zu stellen. Sie hat auch ihren eigenen Teller und ihr eigenes Glas, aber weder Gabel noch Löffel. Sie überwacht das Abendessen von allen

Gängen von der Suppe bis zum Nachtisch, wartet darauf, dass sie an die Reihe kommt, und verhält sich insgesamt mit einer Weisheit und Anständigkeit, von der wir wünschen, dass Kinder sie öfter nachahmen würden. Beim ersten Klingeln erscheint sie, und als wir das Esszimmer betreten, sitzt sie bereits auf ihrem Stuhl, hat ihre Pfoten vor sich auf der Tischkante gekreuzt und hebt ihre Stirn zum Küssen, genau wie es ein nettes kleines Mädchen tut, das darauf trainiert ist, seinen Eltern und anderen älteren Freunden gegenüber liebevolle Höflichkeit zu zeigen.

Sie erhält die Erlaubnis, ihre Vorderpfoten auf die Tischkante zu legen.

Aber es gibt Fehler im Diamanten, Flecken sogar auf der Sonne, Schatten auf der Perfektion, und Eponine , das muss man zugeben, hat eine übermäßig leidenschaftliche Liebe zu Fischen — eine Leidenschaft, die Katzen im Allgemeinen teilen. Im Widerspruch zu dem lateinischen Sprichwort

„ Catus amat pisces , sed non vult tingere plantas ",

sie taucht ihre Pfote ohne das geringste Zögern ins Wasser, um einen Karpfen, einen weißen Köder oder eine Forelle herauszuziehen. Fische erwecken in ihr eine Art Raserei, und wie Kinder, die sich beim Gedanken an den Nachtisch in Aufregung befinden, blickt sie manchmal mürrisch auf die Suppe, wenn sie durch vorläufige Beobachtungen in der Küche davon überzeugt ist, dass Fisch kommt und dass der Koch einen Fehler nicht dadurch sühnen muss, dass er in sein Schwert fällt, wie es der edle Vatel tat . In solchen Fällen bleibt sie unbesetzt, und wir sagen kalt zu ihr: „ *Mademoiselle* , *wer* keinen Hunger auf Suppe hat, kann keinen Hunger auf Fisch haben", und das Gericht wird erbarmungslos direkt unter ihrer Nase vorbeigetragen. Wenn die Dinge diesen ernsten Punkt erreichen, verschlingt die zierliche Eponine ihre Suppe in aller Eile bis zum letzten Tropfen, vernichtet jeden Krümel Brot oder italienische Paste, dreht sich dann um und blickt uns mit stolzem Blick an, als hätte sie ihre Pflicht getan und ihr Gewissen sei fortan frei von Vorwürfen. Dann bekommt sie ihre Portion Fisch . Sie isst ihn mit größter Zufriedenheit und beendet ihre Mahlzeit, nachdem sie auch alle anderen Gerichte probiert hat, mit einem Glas Wasser.

Wenn ein Abendessen geplant ist, weiß Eponine , ohne die Gäste zu sehen, ganz genau, dass an diesem Abend Besuch erwartet wird. Sie wirft einen Blick auf ihren üblichen Platz, und wenn sie neben dem Teller Messer, Gabel und Löffel bemerkt, verlässt sie das Zimmer wortlos und setzt sich auf den Klavierhocker, der bei solchen Gelegenheiten ihr gewählter Zufluchtsort ist. Ich wäre froh, wenn Leute, die Tieren den Besitz von Vernunft absprechen, diese scheinbar so einfache und doch so folgerichtige Tatsache erklären würden. Als diese weise und aufmerksame Katze neben ihrem Teller jene Utensilien sieht, die nur der Mensch benutzen kann, schlussfolgert sie, dass sie für heute ihren Platz einem Gast überlassen muss, und sie beeilt sich, dies zu tun. Sie macht sich in dieser Hinsicht nie etwas vor, aber manchmal, wenn es sich bei dem Besucher um einen handelt, mit dem sie auf vertrautem Fuß steht, klettert sie auf seinen Schoß und versucht, ihm durch ihre Anmut und Liebkosungen ein paar Leckerbissen zu entlocken.

Aber genug davon; wir dürfen unsere Leser nicht langweilen. Geschichten über Katzen sind weniger beliebt als solche über Hunde. Trotzdem fühlen wir uns verpflichtet, das Ende von Enjolras und Gavroche zu erzählen . In einigen Lehrbüchern steht dieser Satz: „ Sua eum perdidit ambitio. " Von Enjolras könnte man sagen : „ Sua eum perdidit pinguetudo " – er starb an seinem eigenen Fett. Er wurde für einen Hasen gehalten und von einigen idiotischen Jägern getötet. Seine Mörder jedoch starben innerhalb eines Jahres und auf die elendeste Weise. Der Tod einer schwarzen Katze, dieses kabbalistischsten aller Geschöpfe, bleibt nie ungesühnt!

Gavroche , von fanatischer Freiheitsliebe oder vielleicht von plötzlichem Wahnsinn ergriffen, sprang eines Tages aus dem Fenster, überquerte die Straße, kletterte über den hohen Zaun der gegenüberliegenden St.-Jakobs-Kirche und verschwand. Trotz unserer eifrigen Nachforschungen konnte nie eine Spur von ihm gefunden werden. Ein geheimnisvoller Schatten schwebt über seinem Schicksal. So ist von der schwarzen Dynastie nur noch Eponine übrig. Sie ist ihrem Herrn noch immer treu und ist praktisch eine erzogene Katze geworden.

Ihr Gesellschafter ist ein prächtiger Angorakaninchen mit einem silbergrauen Fell, das an trübes chinesisches Porzellan erinnert. Sein Name ist Zizi , was bedeutet: „Zu schön, um etwas zu tun." Dieses schöne Geschöpf lebt in einer Art kontemplativer Betäubung, wie ein *Thekiari* während seiner Trunkenheit. Wenn man ihn ansieht, muss man an die „Ekstasen des M. Hochener " denken. Zizis Leidenschaft ist die Musik. Er gibt sich nicht damit zufrieden, ihr zuzuhören, sondern spielt sie selbst. Manchmal, wenn nachts alle schlafen, durchbricht eine seltsame, phantastische Melodie die Stille, um die ihn Kreisler und die Musiker der Zukunft beneiden könnten. Es ist Zizi , der auf der Klaviatur des Klaviers auf und ab geht und das Entzücken genießt, die Noten unter seinen Füßen singen zu hören.

Eponine , nicht beiläufig zu erwähnen. Sie ist ein bezauberndes Tier, aber von zu schüchternem Wesen, um der Öffentlichkeit vorgestellt zu werden. Sie hat eine tiefbraune Farbe, wie Mummia , die zottige Gefährtin von Atta Croll , und ihre dunkelgrünen Augen sind wie zwei riesige Aquamarinblau-Stücke. Sie geht gewöhnlich auf drei Pfoten und hält die vierte in der Luft, wie die Figur einer klassischen Linie, die ihre Marmorkugel verloren hat.

Dies ist also die Chronik der Schwarzen Dynastie – Enjolras , Gavroche , Eponine –, die uns an die Schöpfungen eines geliebten Meisters erinnert. Nur, wenn wir jetzt einen Blick auf „Les Misérables " werfen, scheint es, als ob die Hauptfiguren des Romans von schwarzen Katzen gefangen genommen werden, aber diese Tatsache mindert das Interesse der Geschichte für uns nicht im Geringsten.

KAPITEL IV.
UNSERE HUNDE.

Manchmal wird uns vorgeworfen, Hunde nicht zu mögen. Auf den ersten Blick scheint dies kein sehr schwerwiegender Vorwurf zu sein, dennoch fühlen wir uns verpflichtet, uns zu rechtfertigen, da dieser Vorwurf eine gewisse Schande mit sich bringt. Menschen, die Katzen Hunden vorziehen, gelten in den Augen der meisten Menschen zwangsläufig als falsch, wollüstig und grausam; während Hundeliebhaber ausnahmslos reine, treue, offene Charaktere sein sollen, kurz gesagt, mit all den Eigenschaften ausgestattet, die allgemein der Hunderasse zugeschrieben werden. Wir können die Vorzüge von Médor , Turc , Mérot und anderen ebenso liebenswerten Tieren in keiner Weise schmälern und sind durchaus bereit, dem von Charlet formulierten Grundsatz zuzustimmen : „Das Beste, was ein Mann besitzt, ist sein Hund." Wir haben viele besessen und besitzen noch immer einige; und wenn unsere Verleumder uns freundlicherweise zu Hause besuchen, werden sie vom schrillen und wütenden Bellen eines kleinen kubanischen Schoßhundes und von einem großen Windhund begrüßt, der viel Vergnügen daran hat, sie in die Knöchel zu beißen.

UNSERE HUNDE.

Dennoch wollen wir nicht leugnen, dass unsere Zuneigung zu Hunden stark mit Angst vermischt ist. Diese Tiere, so ausgezeichnet, treu und ergeben sie auch sind, können jederzeit verrückt werden und sind in diesem Zustand ebenso gefährlich und tödlich wie die Viper, die Natter, die Glockennatter oder die Cobra di Capello . Dieser Gedanke dämpft unsere Begeisterung für sie etwas. Aber abgesehen davon üben Hunde eine gewisse Beunruhigung auf uns aus. Ihre Augen sind so tief, so intensiv; sie stehen mit einem so fragenden Blick vor uns, dass es fast peinlich ist. Goethe mochte diesen Blick, der die geheimsten Gedanken eines Menschen zu erfassen scheint, ebenso wenig wie wir. Er verjagte die armen Tiere und sagte zu ihnen: „Ihr habt euer Bestes getan: Ihr sollt meine Identität nicht verschlingen."

Der Pharao unserer Hundedynastie hieß Luther. Er war ein großer weißer Vorstehhund mit roten Flecken und schönen braunen Ohren, der, nachdem er seinen Herrn verloren hatte und lange Zeit vergeblich nach ihm suchte, sich im Haus unserer Eltern häuslich machte, die damals in Passy lebten. Da er keine Rebhühner zum Jagen hatte, widmete er sich der Jagd auf Ratten, in der er so geschickt wurde wie ein schottischer Terrier. Damals lebten wir in einem Zimmer in jener Sackgasse von Doyenné , die es heute nicht mehr gibt, wo Gérard de Nerval , Arsène Houssaye und Camille Rogier hatten sich zum Mittelpunkt eines malerischen kleinen böhmischen Kreises von Künstlern und Literaten entwickelt, deren Launen und Exzentrizitäten anderswo schon zu oft beschrieben worden sind, als dass sie hier noch näher erwähnt werden müssten. Dort, mitten im Carrousel, lebten wir ein Leben so frei und einsam wie auf einer verlassenen Insel im Ozean – zwischen Brennnesseln und Steinblöcken, im Schatten des Louvre und nahe den Ruinen einer alten Kirche, deren zerfallene Gewölbe im Mondlicht den malerischsten Eindruck machten. Luther, mit dem wir immer befreundet gewesen waren, übernahm, als er sah, dass wir so das Familiennest endgültig verließen, die Aufgabe, uns täglich zu besuchen. Er verließ Passy jeden Morgen zu einer unbekannten Zeit, folgte dem Quai de Billy und dem Cours -la- Reine und kam gegen acht Uhr an, gerade als wir aufwachten. Er kratzte an der Tür, die ihm immer geöffnet wurde, warf sich mit freudigem Geschrei auf uns, legte seine Vorderpfoten auf unsere Knie, nahm mit großer Einfachheit und Bescheidenheit die Liebkosungen entgegen, die ihm sein gutes Benehmen eingebracht hatte, inspizierte rasch das Zimmer und machte sich dann auf den Heimweg. In Passy angekommen, lief er sofort zu unserer Mutter, wedelte mit dem Schwanz und stieß kleine Belllaute aus, die so deutlich wie Worte sagten: „Seid unbesorgt, ich habe den jungen Herrn gesehen, und es geht ihm gut." Nachdem er so von seiner selbst auferlegten Mission berichtet hatte, schlürfte er eine Schüssel voll Wasser, aß seinen Haferbrei, streckte sich neben dem Sessel von Mama aus, die er besonders liebte, und erholte sich nach der langen Reise, die er unternommen hatte, durch ein oder zwei Stunden Schlaf.

Diejenigen, die der Ansicht sind, dass Tiere nicht denken und nicht in der Lage sind, zwei Ideen miteinander zu verknüpfen, können sich diesen täglichen Besuch, der die Familienbeziehungen aufrechterhielt und den alten Vögeln im Nest regelmäßige Nachrichten über ihre kürzlich entwischten Jungvögel lieferte, so gut wie möglich erklären.

Der arme Luther! Er hatte ein trauriges Ende. Er wurde allmählich still und mürrisch und floh eines Tages aus dem Haus, offenbar weil er sich von Tollwut befallen fühlte und befürchtete, er könnte dazu verleitet werden, seinen Herrn zu beißen. Wir haben allen Grund anzunehmen, dass er als tollwütiger Hund getötet wurde. Jedenfalls haben wir ihn nie wieder gesehen.

Nach ziemlich langer Zeit wurde ein neuer Hund ins Haus gebracht – ein Hund namens Zamore . Er war ein Mischling, ein Spaniel, klein und hatte schwarzes Fell, abgesehen von ein paar feuerfarbenen Flecken unter seinen Augenbrauen und einigen rehbraunen Tönen auf dem Bauch. Kurz gesagt, sein Äußeres war unscheinbar und eher hässlich als hübsch, aber was seine moralischen Qualitäten anging, war er wirklich ein bemerkenswerter Hund. Für Frauen empfand er eine absolute Verachtung; er folgte ihnen weder noch gehorchte er ihnen, und unsere Mutter und unsere Schwestern versuchten vergeblich, ihm den geringsten Beweis von Freundschaft oder Respekt zu entlocken. Er nahm ihre Aufmerksamkeiten und Leckerbissen hochmütig an, aber er würdigte sie nie eines Dankes. Kein Bellen für sie, kein Trommeln mit dem Schwanz auf dem Boden, keine dieser Zärtlichkeiten, mit denen Hunde so verschwenderisch umgehen. Ihnen gegenüber behielt er immer eine gleichgültige und gelassene Haltung bei, in der Haltung einer Sphinx geduckt, wie eine ernste und würdevolle Persönlichkeit, die es verabscheut, sich in eine frivole Unterhaltung einzumischen.

Der Herr, dem er dienen wollte, war unser Vater, den er als Familienoberhaupt und als Mann mit Gewicht und Charakter erkannte. Zamores Zärtlichkeit, selbst ihm gegenüber, war streng und stoisch und drückte sich nie in Heiterkeit, Possen oder Zungenlecken aus. Aber seine Augen waren immer auf seinen Herrn gerichtet, sein Kopf drehte sich, um jede kleinste Bewegung zu beobachten, und überallhin folgte er ihm, seine Nase dicht an der Ferse seines Herrn, erlaubte sich nie den kleinsten Streich oder schenkte einem Hund, dem sie begegneten, auch nur die geringste Aufmerksamkeit. Dieser liebe und betrauerte Vater von uns war ein großer Fischer vor dem Herrn. Die von ihm gefangenen Barben müssen zahlreicher gewesen sein als die von Nimrod gefangenen Antilopen. Von seiner Angelrute konnte man nie sagen, dass sie ein Instrument mit einem Haken an einem Ende und einem Narren am anderen war, denn er war ein Mann voller Witz und Intelligenz, was ihn jedoch nicht daran hinderte, seinen Fischkorb jeden Tag zu füllen. Zamore begleitete ihn immer auf diesen Ausflügen, und während dieser langen nächtlichen Beobachtungen , die notwendig sind, um solche Fische zu fangen, die nur anbeißen, wenn die Leine den Boden berührt, stellte er sich dicht an den Rand des Wassers und schien die dunklen Tiefen mit seinen Augen zu erkunden, als suchte er nach Beute. Obwohl er ab und zu bei diesen zahllosen undeutlichen, fernen Geräuschen, die selbst in der tiefsten Stille der Nacht hörbar sind, die Ohren spitzte, bellte er nie, denn er verstand genau, dass ein Fischerhund unbedingt stumm sein muss. Diana konnte ihre alabasterfarbene Stirn über den Horizont heben und der Fluss konnte ihr das Spiegelbild zurückgeben; es war alles vergebens; nicht einmal den Mond würde Zamore anbellen, obwohl solches mitternächtliches Bellen zu den größten Freuden der Tiere seiner Art gehört. Erst als die Glocke an der Angelschnur klingelte, ließ er einen Schrei erklingen, denn dann wusste er, dass die Beute gefangen war, und er widmete sich mit großer Aufmerksamkeit den Manövern, die erforderlich sind, um eine drei oder vier Pfund schwere Barbe an Land zu ziehen .

Wer hätte ahnen können, dass sich unter dieser ruhigen und in sich geschlossenen Fassade, die so philosophisch und fern von aller Frivolität war, eine gebieterische und extravagante Leidenschaft verbarg, die im völligen Widerspruch zum offensichtlichen moralischen und physischen Charakter dieses Tieres stand, das so ernst und nachdenklich war, dass man es fast als traurig bezeichnet hätte?

Was, sagen Sie, hat dieser bewundernswerte Zamore dann ein verstecktes Laster? Nein. War er ein Dieb, ein Libertin? Nein. Hatte er eine Vorliebe für Brandykirschen? Nein. Hatte er gebissen? Zehntausendmal, nein! Zamores Leidenschaft war das Tanzen. In ihm ging ein wahrer Terpsichore-Künstler für die Welt verloren.

Diese Berufung wurde auf folgende Weise entdeckt. Eines Tages erschien auf dem öffentlichen Platz von Passy ein grauer Esel, einer jener unglücklichen Gaukleresel, die Decamps und Fouquet so erfolgreich gemalt haben. Auf zwei Körben, die auf seinem wundgescheuerten Rücken balancierten, befand sich eine Truppe dressierter Hunde, die je nach Geschlecht als Marquisen, Troubadoure, Türken, Schweizer Schäfer und Königinnen von Golconda verkleidet waren. Der Schausteller hob die Hunde heraus, ließ seine Peitsche knallen, und augenblicklich wechselten alle Schauspieler die horizontale Position gegen die senkrechte und verwandelten sich von Vierbeinern in Zweibeiner. Eine Querpfeife und ein Tamburin ertönten, und das Ballett begann.

Zamore , der ernst vorbeischlenderte, blieb abrupt stehen, erstaunt über das Schauspiel. Diese bunt geschmückten Hunde mit Spitzennähten und klirrendem Schmuck, Federhüten und Turbanen auf dem Kopf und einer so seltsamen Ähnlichkeit mit Männern und Frauen kamen ihm wie übernatürliche Wesen vor. Ihre gemessenen Schritte, ihre Höflichkeiten, ihre *Pirouetten* bezauberten ihn, entmutigten ihn aber nicht. Wie Correggio vor den Bildern Raffaels rief er in der Hundesprache: „ Anch'io son pittore ", „Auch ich bin ein Maler", und von edlem Wetteifer ergriffen, als die Truppe in einer Damenkette vor ihm vorbeizog, erhob er sich auf seine sichtlich zitternden Hinterbeine und machte zur lautstarken Freude der Umstehenden eine

Bewegung, um sich ihnen anzuschließen. Aber der Schausteller war nicht so sehr bezaubert wie die Umstehenden. Er versetzte Zamore einen kräftigen Peitschenhieb und jagte ihn aus dem Kreis, so wie man einen Zuschauer aus der Tür eines Theaters jagt, der während des Stückes auf die Idee kommt, auf die Bühne zu klettern und beim Ballett mitzumachen.

Diese öffentliche Demütigung hielt Zamore jedoch nicht davon ab , seiner Berufung zu folgen. Er rannte mit eingezogenem Schwanz und einem Ausdruck tief in Gedanken versunkenen Blickes zurück zum Haus. Den ganzen Tag war er stiller, geistesabwesender und mürrischer als sonst. In dieser Nacht wurden unsere beiden kleinen Schwestern durch ein leises, geheimnisvolles Geräusch aus dem Schlaf gerissen, das aus einem unbewohnten Zimmer neben ihrem eigenen zu kommen schien, wo Zamore die Nacht gewöhnlich auf einem alten Sessel verbrachte. Das Geräusch war eine Art rhythmisches Stampfen, das in der Stille der Nacht lauter klang, als es wirklich war. Zuerst dachten die Kinder, es müssten die Mäuse sein, die einen Ball spielten, aber die Schritte und Sprünge waren zu laut und schwer für Mäuse. Schließlich kroch der Mutigste der beiden aus dem Bett, öffnete die Tür einen Spalt und spähte hinein. Was sah sie im Licht des schwächelnden Mondstrahls, aber Zamore , der aufrecht auf seinen Hinterbeinen stand, mit seinen Vorderpfoten den Takt schlug und wie in einer Tanzstunde die Schritte übte , die er an jenem Morgen auf der Straße so bewundert hatte. Monsieur lernte seine Lektion!

Monsieur studierte seine Lektion.

Dies war nicht, wie man annehmen könnte, eine zufällige Einbildung, die nur eine Nacht lang verfolgt wurde. Zamore beharrte auf seinen terpsichorischen Bestrebungen und wurde mit der Zeit ein bewundernswerter Tänzer. Jeden Tag, sobald die Querpfeife und das Tamburin zu erklingen begannen, lief er auf den Platz, glitt zwischen den Beinen der Zuschauer hindurch und beobachtete mit größter Aufmerksamkeit die dressierten Hunde bei ihren Übungen. Da er sich jedoch des Peitschenhiebs bewusst war, versuchte er nie wieder, beim Tanz mitzumachen, sondern probte ihn nachts in der Abgeschiedenheit seines eigenen Zimmers, wobei er jeden Schritt, jede Bewegung, jede anmutige Haltung genau achtete – während er tagsüber seine übliche Strenge beibehielt. Nach einiger Zeit genügte ihm das Nachahmen nicht mehr; er begann, neue Schritte zu erfinden, zu komponieren, und wir müssen sagen, dass ihn nur wenige Hunde in dieser edlen Leistung jemals übertroffen haben.

Wir selbst haben ihn, versteckt hinter der halboffenen Tür, oft bei seinen Übungen beobachtet. Er legte so viel Energie und Feuer in seine Übungen, dass jeden Morgen die riesige Schüssel mit Wasser, die er am Abend zuvor zu seiner Erfrischung in die Ecke des Zimmers gestellt hatte, bis auf den letzten Tropfen geleert war.

Schließlich kam der Tag, an dem er alle Schwierigkeiten überwunden hatte und sich in der Schöpfung jedem vierbeinigen Tänzer ebenbürtig fühlte. Und nun schien es nur richtig, den Scheffel wegzuräumen, der bis dahin sein Licht verdunkelt hatte, und die Welt an seinen Talenten teilhaben zu lassen.

WENN ER SEINEN LIEBSTEN EIN WENIG AUFMERKSAMKEIT WIDMET, STAND ER IMMER AUF SEINEN HINTERBEINEN.

Der Hof des Hauses war auf einer Seite durch ein Gitter verschlossen, dessen Öffnungen breit genug waren, um Hunden normaler Größe den Durchgang zu ermöglichen. Eines Morgens sah man fünfzehn oder zwanzig solcher Freunde von Zamore – zweifellos Kenner, denen er Einladungskarten zu seinem Debüt in der choreografischen Kunst geschickt hatte –, wie sie sich um ein ebenes Quadrat aus Erde versammelten (das der Künstler anscheinend mit seinem Schwanz sauber gefegt hatte), und die Vorstellungen begannen. Das Publikum war begeistert und bekundete seine Zustimmung mit Wauwau-Rufen, die sehr nach den „Bravos!" der Opernbesucher klangen. Mit Ausnahme eines alten Waterspaniels mit schlammigem und heruntergekommenem Aussehen, der wie ein gehässiger Kritiker wirkte und etwas von „vernachlässigten und vergessenen gesunden Traditionen" schrie, waren sich alle einig, Zamore zum Vestris der Hunde und zum wahren Genie des Tanzes zu erklären. Ein Menuett, ein Jig und ein Walzer *à deux temps* standen auf dem Programm. Bevor die Unterhaltung zu Ende war, gesellten sich noch eine ganze Reihe zweibeiniger Zuschauer zu den vierbeinigen , und Zamore hatte die Ehre und Genugtuung, mit klatschenden Händen beklatscht zu werden.

Von da an wurden seine Gewohnheiten so sehr zu denen eines Tänzers, dass er, wenn er seinen Liebsten gelegentlich Aufmerksamkeiten schenkte, immer auf seinen Hinterbeinen stand, höfliche kleine Verbeugungen machte und seine Zehen nach außen drehte wie ein galanter Marquis des *Ancien Régime* ; es fehlte nichts außer dem gefiederten Opernhut unter dem Arm.

Abgesehen von diesen gelegentlichen Zwischenspielen war Zamores Charakter so übellaunig wie der anderer Komödianten, und er nahm überhaupt nicht am normalen Leben des Hauses teil. Er rührte sich nur, wenn er sah, wie sein Herr Hut und Stock nahm, und er starb schließlich an einer Gehirnentzündung, die, wie wir vermuten, durch die Überanstrengung und Aufregung beim Lernen der *Schottischen verursacht wurde* , die damals gerade in Mode kam. Aus seinem Grab könnte Zamore wie die griechische Tänzerin in der Grabinschrift sagen: „Leg dich leicht auf mich, Erde, denn ich habe dich sehr leicht gewogen."

Zamore trotz seiner bemerkenswerten Talente nicht in die Truppe von M. Corvi aufgenommen wurde . Schon damals hatten wir als Kritiker genügend Einfluss, um eine solche Vereinbarung auszuhandeln, wenn es wünschenswert gewesen wäre. Aber Zamore wollte seinen Meister nicht verlassen; er opferte seine Eigenliebe seiner Liebe – eine Hingabe, die man unter Menschen nicht sehr oft zu finden hofft.

Unsere Tänzerin wurde durch einen Sänger namens Kobold ersetzt, einen King Charles Spaniel reinster Rasse, der aus den berühmten Zwingern von Lord Lauder stammte. Nichts Irdisches glich je so sehr einer Chimäre wie dieses drollige kleine Geschöpf mit seiner riesigen, gewölbten Stirn, seinen hervorstehenden Augen, seiner Nase, die an der Basis abgebrochen schien, und seinen langen Ohren, die bis zum Boden reichten. Als wir nach Frankreich gebracht wurden, schien Kobold, der nur Englisch sprach, zunächst halb betäubt zu sein. Die Befehle waren für ihn vollkommen unverständlich. Er war darauf trainiert, „Weiter" und „Komm her" zu befolgen, aber beim Klang von „ Va " und „ Va-t'en " stand er regungslos und verwirrt da.

Er brauchte ein Jahr, um die Sprache seines neuen Landes so gut zu lernen, dass er sich an Gesprächen beteiligen konnte. Kobold war sehr musikalisch und sang selbst mehrere kleine Lieder, allerdings mit starkem englischen Akzent. Der Grundton wurde ihm auf dem Klavier vorgegeben, er traf den genauen Ton und trällerte mit flötenartiger, seufzender Stimme Passagen, die wirklich musikalisch waren und überhaupt nichts mit Bellen oder Kläffen zu tun hatten .

Als wir wollten, dass er wieder anfing, brauchten wir nur zu sagen: „Sing noch ein bisschen", und er begann sofort wieder mit der Kadenz. Für ein Geschöpf, das in höchstem Luxus und mit all der Sorgfalt aufgewachsen war, die man einem Tenor und einem vornehmen Herrn natürlich zukommen lassen würde, hatte Kobold die ungewöhnlichsten Vorlieben. Er verschlang Erde wie ein Digger-Indianer; und diese Angewohnheit, von der er nicht geheilt werden konnte, führte zu einer Krankheit, an der er starb. Er hatte eine große Vorliebe für Stallburschen, Pferde und Ställe im Allgemeinen, und unsere Ponys hatten keinen ergebeneren Kameraden als ihn. Man könnte sogar sagen, dass er seine Zeit zwischen den Boxen und dem Klavier aufteilte .

Von Kobold, dem König Charles, kommen wir zu Myrza , einem kleinen kubanischen Schoßhund, der einst die Ehre hatte, Giula zu gehören Grisi , von der wir sie geschenkt bekommen haben. Sie ist weiß wie Schnee, besonders wenn sie frisch gewaschen ist und bevor sie Zeit hatte, sich im Staub zu wälzen – eine Manie, die manche Hunde mit einer bestimmten Art von Vögeln mit Staubflügeln teilen. Sie ist das sanfteste aller Tiere, sehr demonstrativ und arglos wie eine Taube. Nichts könnte drolliger sein als ihr struppiger Kopf, ihr Gesicht, das aus zwei Augen besteht, die so glitzern wie Möbelnägel, und einer kleinen Nase, die man leicht mit einer Piemont-Trüffel verwechseln könnte. Lange Haarsträhnen, so lockig wie Astrakanwolle , fliegen in malerischem Durcheinander um diese Nase herum und geraten manchmal in ein Auge, manchmal in das andere – das Ganze ergibt das wunderlichste Antlitz, das man sich vorstellen kann, so merkwürdig und unwirklich wie das Gesicht eines Chamäleons.

Bei Myrza hat die Natur die Kunst so perfekt nachgeahmt, dass jeder schwören könnte, sie käme direkt aus der Vitrine eines Spielzeugladens . Mit ihrem blauen Halsband, der silbernen Glocke und ihrem Haar mit der vorgeschriebenen Krause sieht sie genau wie ein Papphund aus, und wenn sie bellt, untersucht man instinktiv ihre Füße, um festzustellen, ob nicht eine kleine Quietschmaschine unter ihren Pfoten befestigt ist.

Myrza , die drei Viertel des Tages verschlafen verbringt, so dass ihr das Leben ziemlich genauso vorkommen würde, wenn sie in Wirklichkeit ausgestopft wäre, und die unter normalen Umständen alles andere als klug ist, lieferte eines Tages dennoch einen Beweis von Intelligenz, wie wir ihn bei keinem anderen Hund erlebt haben. Bonnegrace , der die Porträts von Tchoumakoff und MEH malte, die bei Ausstellungen so viel Aufsehen erregten, hatte uns ein Porträt mitgebracht, das im Stil von Pagnest gemalt war und so voller lebendiger Farben und lebensechter Licht- und Schatteneffekte ist. Obwohl wir schon immer in so inniger Beziehung zu Tieren gelebt haben und Hunderte von Beispielen anführen könnten, in denen sich Katzen, Hunde und Vögel als weise, philosophisch und genial erwiesen haben, müssen wir zugeben, dass ihnen der Sinn für Kunst völlig fehlt. Wir haben noch nie ein Tier gesehen, das auch nur die geringste Aufmerksamkeit auf ein Bild gelenkt hätte, und die Geschichte von den Vögeln, die nach den von Apelles gemalten Trauben pickten, erschien uns immer als reine Erfindung. Der wesentliche Unterschied zwischen Mensch und Tier scheint genau dieser Sinn für Kunst und das Gefühl für Dekoration zu sein. Ein Hund würde genauso wahrscheinlich Ohrringe tragen wie Zeit mit Bildern verschwenden.

Als Myrza Bonnegraces Porträt an der Wand sah , sprang sie von dem Hocker, auf dem sie zusammengerollt wie ein Ball lag, stürzte auf die Leinwand zu und begann wie wild zu bellen, um den aufdringlichen Fremden zu beißen, der das Zimmer betreten hatte. Ihre Überraschung war grenzenlos, als sie erkannte, dass sie es mit einer flachen Oberfläche zu tun hatte, auf der ihre Zähne keinen Abdruck hinterließen und die nur eine trügerische Erscheinung war. Sie beschnüffelte das Bild, versuchte vergeblich, hinter den Rahmen zu gelangen, sah uns beide mit fragendem Gesichtsausdruck an , ging dann zurück zum Hocker und nahm ihr Nickerchen wieder auf, ohne sich weiter um den Herrn in Ölfarben zu kümmern. Ihr eigenes Antlitz wird der Nachwelt unterdessen nicht verloren gehen, denn es existiert ein wunderschönes Porträt von ihr, gemalt von M. Victor Madarasz , einem ungarischen Künstler.

Wir werden unser Kapitel über Hunde mit der Geschichte von Dash abschließen. Eines Tages hielt ein Lumpensammler an unserer Tür und suchte nach Glasscherben und alten Flaschen. In seinem Karren lag ein etwa drei oder vier Monate alter Welpe, den man ihm befohlen hatte zu ertränken – ein Befehl, der den ehrlichen Kerl beunruhigte, dem der Welpe zärtliche und flehende Blicke zuwarf, als ob er die Sachlage verstünde. Der Grund für das harte Urteil, das über das arme Tier verhängt wurde, war, dass eine seiner Vorderpfoten gebrochen war.

Mitleid regte sich in unserem Herzen und wir adoptierten das zum Tode Verurteilte auf der Stelle. Man ließ einen Tierarzt kommen, der das Bein einrichtete und in Schienen legte; aber Dash beharrte darauf, die Verbände abzunagen, so dass die Knochen nicht zusammenwuchsen und die Pfote nutzlos herabbaumelte wie der Ärmel eines Mannes, der seinen Arm verloren hat. Diese Schwäche hinderte Dash jedoch nicht daran, einer der fröhlichsten, lebhaftesten und aufmerksamsten Hunde zu sein; und er lief auf drei Beinen so schnell, wie es wünschenswert war.

Er war der gewöhnlichste Straßenhund, ein wahrer Mischling, über dessen Rasse Buffon selbst nicht entscheiden konnte. Er war die personifizierte Hässlichkeit, hatte aber ein ausdrucksvolles Gesicht, das vor Intelligenz sprühte. Er verstand alles, was man zu ihm sagte, und sein Ausdruck änderte sich, je nachdem, ob die Worte, im gleichen Ton gesprochen, schmeichelhaft oder beleidigend waren. Er rollte mit den Augen, reckte die Lippen in die Höhe, gab sich hemmungslosem, nervösem Zappeln hin oder lachte und zeigte dabei eine Reihe weißer Zähne; kurz gesagt, er erzeugte den komischsten Effekt, dessen er sich durchaus bewusst war. Sehr oft versuchte er zu sprechen. Mit den Pfoten auf unseren Knien musterte er uns mit einem intensiven Blick und begann eine Reihe von Murmeln, Seufzen und Knurren, deren Betonung so unterschiedlich war, dass man leicht erkennen konnte, dass sie Teile einer normalen Sprache waren. Ab und zu, mitten in diesem Gespräch, stieß Dash ein plötzliches und lautes Jaulen aus. Dann sahen wir ihn streng an und sagten: „Das ist Bellen, kein Reden. Kann es sein, dass du am Ende doch nur ein Tier bist?" Woraufhin Dash, sehr gedemütigt durch die Anspielung, wieder zu schreien begann und dabei einen noch mitleiderregenderen Ausdruck annahm. Niemand konnte daran zweifeln, dass er in diesen Momenten von seinem Unglück berichtete.

Dash liebte Zucker. Er kam stets mit dem Kaffee nach dem Nachtisch herein und ging um den Tisch herum und bettelte mit einer Dringlichkeit, die selten ohne Erfolg blieb, von jedem ein Stück Zucker. Schließlich betrachtete er diese wohlwollenden Geschenke als eine regelrechte Steuer, die er rigoros eintrieb. Dieser Köter im Körper eines Thersites trug die Seele eines Achilles in sich. Behinderter wie er war, griff er ständig mit der Raserei heroischen Mutes Hunde an, die zehnmal so groß waren wie er selbst, und wurde furchtbar geschlagen. Wie Don Quijote, der tapfere Ritter von La Mancha, brach er triumphierend auf und kam in erbärmlichem Zustand zurück. Leider fiel er diesem fehlgeleiteten Mut zum Opfer. Vor ein paar Monaten wurde er nach Hause gebracht, in Stücke gerissen von einem liebenswürdigen Tier von einem Neufundländer, der am nächsten Tag einem Windhund das Rückgrat brach.

Auf Dashs Tod folgten allerlei Katastrophen. Die Herrin des Hauses, in dem er den Todesstoß erhalten hatte, wurde wenige Tage später in ihrem Bett verbrannt; und ihr Mann, der versuchte, sie zu retten, erlitt das gleiche Schicksal. Es war keine Sühne, es war nur ein fataler Zufall – denn sie waren die besten Menschen der Welt, liebten Tiere wie Brahmanen und trugen nicht die geringste Schuld am traurigen Schicksal unseres armen Dash.

Wir haben jetzt einen anderen Hund, der Nero heißt, aber er ist eine zu neue Anschaffung, um eine Vorgeschichte zu haben.

Im nächsten Kapitel möchten wir eine Chronik der verschiedenen Chamäleons, Eidechsen, Elstern und anderen kleinen Lebewesen geben, die zu unseren Haustieren geworden sind.

NB: Ach, Nero ist tot! Er wurde vor ein oder zwei Tagen vergiftet, so schlimm, als hätte er mit den Borgias zu Abend gegessen, und das erste Kapitel seines Lebens beginnt und endet mit einer Grabinschrift.

KAPITEL V. CHAMÄLEONS
, EIDECHSEN UND ELSTER.

Es war einmal zufällig, dass wir im Hafen von Santa Maria in der Bucht von Cadiz waren, einem kleinen Dorf, das zwischen dem Indigo des Meeres und dem Lapislazuli des Himmels aus dem weißen Brotlaib Spaniens geschnitten zu sein scheint. Es war Mittag, und an diesem besonderen Tag war es so warm, dass die Sonne sich scheinbar einen Spaß daraus machte, löffelweise geschmolzenes Blei auf die Köpfe der Reisenden zu träufeln , so wie die Besatzung einer belagerten Festung mit einer wohldurchdachten Kunstfertigkeit ihren Angreifern kochendes Öl oder Pech über den Kopf gießt. Dieser malerische kleine Hafen ist berühmt geworden durch das berühmte Lied im andalusischen *Dialekt* von Murillo-Bravo, „Die Stiere von Puerto", in dem der galante Bootsmann zu der Dame, die gerade an Bord gehen will, sagt: „ Lleve V. la patita ." Wir summten den Refrain mit einer Stimme, die auf Spanisch nicht weniger falsch singt als auf Französisch, und folgten beim Singen mit den Augen der Zeile, die gerade wie die Webkante eines Leinenstücks war und vom Schatten am Fuß der Mauer geworfen wurde.

DAS CHAMÄLEON.

Es war Markttag, und auf dem Platz wurden ausländische Waren aller Art zum Verkauf angeboten, deren Farben so prächtig waren, dass sie Ziem selbst verzauberten. Girlanden aus feuerroten Paprikaschoten schwangen über dunkelgrünen Melonen, von denen einige halbiert waren, sodass das rosafarbene Fruchtfleisch im Inneren zu sehen war, das mit schwarzen Flecken übersät war wie eine Muschel aus der Südsee. Schwere Trauben klarer , gelber Weintrauben, die wie Bernsteinperlen an türkische Rosenkränze erinnerten, hingen neben bläulich gefärbten Trauben und anderen, die einen amethystfarbenen Farbton aufwiesen, der in ein dunkleres Purpur überging. Kichererbsen in granatartigen Matten umschlossen ihre blassgoldenen Kugeln; Granatäpfel, deren Schale platzte, zeigten Schatullen voller Rubine im Inneren. Die Obstverkäuferinnen in ihren scharlachroten und gelben Umhängen, ihren schwarzen Seidenunterröcken, ihren nackten Füßen in Satinpantoffeln – und was für Füße, kaum größer als ein Savoyer Keks! –, die ihre Papierfächer an die Wange hielten, um den Platz eines Sonnenschirms einzunehmen, saßen stolz neben ihrem Gemüse und plapperten mit jener andalusischen Redseligkeit, die so voller Anmut ist. Hier und da verweilte ein vorbeikommender Galan, der sich auf der Spitze seines weißen Stocks balancierte, seine Jacke von seinen Schultern baumeln ließ, eine breite Schärpe aus Gibraltar um seine Taille von der Achsel bis zu den Hüften schlang, seine elastischen Kniehosen am Knie offen hatte und seine ledernen Stiefel aus Ronda bis zum Bein aufgeknöpft hatte, was der Höhepunkt des Stils zu sein schien, einen Moment, um einen verführerischen Blick zu werfen, während er seine Zigarette aus Alkoholpapier zwischen Daumen und Zeigefinger drehte . Es war einer jener blendenden Effekte von südlichem Licht und Farbe, die man als Übertreibung der Natur bezeichnen würde, wenn ein Künstler versuchen würde, ihre rohe und blendende Wahrheit vollständig wiederzugeben.

Wir suchten Zuflucht vor dem glühenden Sonnenregen im Patio der Heiligen Drei Könige. Ein *Patio* ist, wie jedermann weiß, ein von Arkaden umgebener Innenhof, dessen Anordnung an das antike *Impluvium erinnert* . Statt eines Daches wird er von einem bunt gestreiften Leinenvorhang beschattet, der auf Spanisch Velarium genannt wird *und* ständig feucht gehalten wird, um für mehr Kühle zu sorgen. In der Mitte dieses Patios stieg und fiel ein dünner Wasserstrahl aus einem Marmorbecken und warf einen feinen Sprühnebel über die darum gruppierten Kästen mit Myrten, Granatäpfeln und Oleander. Unter den Arkaden standen verstreut Sofas mit Rosshaarbezug und Stühle mit Rohrgeflecht. An den Wänden hängende Gitarren warfen im Schatten glänzende Lichtreflexe, wenn das Licht auf ihre lackierten Oberflächen fiel, und neben ihnen hingen die braunen Scheiben von Tamburinen.

Diese Innenhöfe sind in den maurischen Häusern Algeriens üblich, und man kann sich keine bessere Vorrichtung vorstellen, um für Kühle zu sorgen. Sie sind ein von den Arabern erfundenes Konzept, das von den Spaniern übernommen wurde. Auf den Kapitellen der kleineren Säulen kann man in vielen Häusern noch immer Verse aus dem Koran lesen, die Allah preisen, oder Lobpreisungen eines Kalifen, der vor langer Zeit ins Herz Afrikas zurückgetrieben und vergessen wurde.

Nachdem wir einen unglasierten Krug kaltes Wasser geleert hatten, zogen wir uns für eine Siesta in eines der Zimmer zurück, die auf den Patio hinausgingen. Unsere schläfrigen Augen wanderten zur Decke des niedrigen Zimmers, die wie alle spanischen Decken weiß getüncht und in der Mitte mit einer Rosette verziert war, die wie die Seiten einer Kugel in gelbe, schwarze und rote Abschnitte unterteilt war. An dieser Rosette hing eine Kordel, die zweifellos eine Lampe halten sollte; und an dieser Kordel bewegte sich ein geheimnisvolles Objekt nach oben. Wir setzten unser Fernglas an seinen Platz unter dem Bogen unserer Augenbraue und erkannten schließlich, dass das Ding, das mit so viel Mühe an der Kordel zur Decke kletterte, eine Art Eidechse war, graugelb und von einer Form, die etwas Monströses an sich hatte und im Miniaturformat an jene riesigen Saurier erinnerte , die am Ende der vorsintflutlichen Epoche von der Erde verschwanden.

Man rief das Dienstmädchen des Gasthofs – Pepa , Lola oder Casilda , wir können uns nicht an den genauen Namen erinnern, würden aber schwören, dass sie eine ausgezeichnete Person war – und sie erklärte, dass das Geschöpf auf dem Seil ein Chamäleon sei.

Lola – wenn es denn Lola war – hatte Mitleid mit unserer Unwissenheit und war vielleicht auch nicht abgeneigt, ihr zoologisches Wissen zur Schau zu stellen. Sie sagte auf lehrreiche Weise zu uns: „Diese Tiere ändern ihre Farbe, wissen Sie, je nach dem Ort, an dem sie sich gerade befinden, und sie leben von der Luft."

Während unseres kurzen Gesprächs setzten die Chamäleons (es waren nämlich zwei) ihren Aufstieg am Seil fort. Man konnte sich nichts Absurderes als ihr Aussehen vorstellen. Man muss zugeben, dass das Chamäleon nicht schön ist, und obwohl die Leute sagen, dass die Natur alles gut macht, fällt uns auf, dass sie mit ein wenig mehr Mühe leicht ein hübscheres Tier hätte erschaffen können als dieses. Aber wie alle großen Künstler hat auch die Natur ihre Launen, und sie amüsiert sich gelegentlich damit, groteske Formen zu modellieren. Die Augen des Chamäleons, die fast vollständig vom Kopf getrennt sind, sitzen in äußeren häutigen Beuteln und sind völlig unabhängig in ihrer Bewegung. Mit einem Auge können sie nach rechts und mit dem anderen nach links schauen, eines zum Himmel und das andere zum Boden richten und so eine Vielzahl von Schielen erzeugen, die die außergewöhnlichste Wirkung haben. Ein geschwollener Beutel unter dem Kiefer, der einem Kropf nicht unähnlich ist , verleiht dem armen Tier ein

Aussehen von hochmütiger Selbstgefälligkeit und dummer Einbildung, dessen es sich ebenso wenig bewusst ist wie es daran unschuldig ist. Seine ungeschickt geformten Pfoten bilden einen vorspringenden Winkel über der Linie seines Rückens und seine Bewegungen sind gleichermaßen unelegant und bedeutungslos.

Eines der Chamäleons hatte nun das obere Ende des Fadens und die Mitte der Rosette erreicht. Es streckte eine erbärmliche kleine Pfote aus und versuchte, die Decke zu erreichen, um zu sehen, ob es möglich war, sich daran festzuhalten und auf diese Weise zu entkommen. Bei diesem Experiment, vielleicht zum hundertsten Mal, kniff es die Augen auf die verzweifeltste und rührendste Weise zusammen, als flehe es Himmel und Erde um Hilfe an; als es dann keine Hoffnung auf einen Ausweg auf dieser Seite sah, begann es langsam wieder am Faden hinabzusteigen, mit traurigem, resigniertem und mitleiderregendem Blick – Sinnbild nutzloser Arbeit, ein Sisyphus vergeudeter Energien. Auf halbem Weg nach unten trafen sich die beiden Kreaturen, tauschten Blicke aus, die vielleicht freundlich gemeint waren, aber durch ihr Schielen furchterregend wirkten, und bildeten für einen oder zwei Augenblicke eine Gruppe, die wie ein abscheulicher Haufen auf der senkrechten Linie des Fadens wirkte.

Nach ein paar lächerlichen Verrenkungen löste sich die Gruppe, und jedes Chamäleon setzte seine Reise fort. Dasjenige, das herunterkam, erreichte das Ende der Schnur, streckte ein Hinterbein aus, sondierte vorsichtig die Luft, fand keinen Halt und zog es mit einer entmutigten Bewegung wieder ein, deren herzzerreißende und absurde Melancholie sich jeder Beschreibung entzieht. Durch eine jener Gedankenassoziationen, die nicht erklärt werden können, die der Verstand jedoch begreift, ohne zu verstehen, warum, erinnerten mich die Chamäleons an eine von Goyas düstersten Radierungen, auf der Gespenster dargestellt sind , die mit schwachen, schattenhaften Armen versuchen, schwere Steine hochzuheben, die auf sie zurückrollen und sie zermalmen – ein ungleicher Konflikt der Schwäche mit dem Schicksal.

Um diese armen Tiere von ihren Leiden zu befreien, kauften wir ihnen eine Art groben Käfig. Er hatte eine gute Größe, und sobald sie darin untergebracht waren, konnten sie auf jene akrobatischen Übungen verzichten, die sie anscheinend so unglücklich machten. Was die Frage der Nahrung angeht, so scheint dieses Leben von Luft, bei allem Respekt für die Genügsamkeit des Südens, dem Namen nach nicht ausreichend zu sein. Ein spanischer Liebhaber kann vielleicht ein Glas Wasser zum Frühstück trinken, eine Zigarette rauchen und eine Melodie von seiner Mandoline schlürfen; aber Chamäleons haben weniger Geschmack, und sie haben Lust auf Fliegen und fressen sie, die sie auf die seltsamste Weise fangen, indem sie aus der Kehle eine Art lange Lanze schießen, die mit einem zähflüssigen Schleim bedeckt ist, der an den Flügeln des Insekts klebt und, wenn er wieder eingesaugt wird, ihn mitsamt seinem Körper in die Speiseröhre mitreißt.

Ändern Chamäleons ihre Farbe je nach dem Ort, an dem sie sich gerade befinden? Im wörtlichen Sinne des Wortes tun sie das nicht, aber ihre Haut, die durch kleine facettenförmige Unebenheiten unterbrochen ist , absorbiert die Farben der umgebenden Objekte leichter als andere Körper. In der Nähe eines roten, gelben oder grünen Gegenstands scheint das Chamäleon in diese Farbe einzutauchen, aber letztendlich ist dies nur ein Effekt der Lichtbrechung. Eine Platte aus poliertem Metall wird auf die gleiche Weise gefärbt; es gibt keine wirkliche Absorptionskraft. In seinem normalen Zustand ist das Chamäleon graugrün oder gelblich grau. Wer jedoch einen Sinn für Wunder hat, kann, wenn er will, behaupten, dass das Chamäleon seine Farbe nach Belieben ändert und damit das wahre Sinnbild politischer Vielseitigkeit ist; uns sei jedoch gestattet, unsererseits zu sagen, dass wir nach sorgfältigsten Beobachtungen über einen langen Zeitraum hinweg davon überzeugt sind, dass Chamäleons Staatsangelegenheiten und allem, was damit zusammenhängt, völlig gleichgültig gegenüberstehen.

Wir wollten unsere Chamäleons unbedingt mit nach Hause nehmen, aber der Herbst stand vor der Tür, und obwohl die Sonne noch immer sehr heiß war, als wir der Küste nordwärts von Tarifa nach Port Vendres folgten und dabei Gibraltar, Malaga, Alicante, Almeria, Valencia und Barcelona passierten, verschwanden die armen Tiere vor unseren Augen. Während sie dahinsiechten, schienen ihre Augen aus ihren Köpfen hervorzutreten und von Tag zu Tag deutlicher zu werden. Ihr Schielen wurde stärker; unter ihrer losen, schlaffen Haut wurden ihre winzigen Skelette mit jeder Meile deutlicher. Es war ein erbärmlicher Anblick – diese schwindsüchtigen Echsen, die kraftlos ihren Todestanz tanzten und zu schwach waren, um auch nur ihre klebrigen Zungen nach den Fliegen herauszustrecken, die wir in der Kombüse des Dampfers für sie sammelten. Sie starben im Abstand von wenigen Tagen, und das blaue Mittelmeer war ihr Grab.

Von Chamäleons zu Eidechsen ist der Übergang leicht. Unsere jüngste Tochter bekam einmal eine Eidechse geschenkt, die in Fontainebleau gefangen worden war und die sie sehr lieb gewonnen hatte. Jacques' Farbe war das schönste Veroneser Grün, das man sich vorstellen kann. Seine Augen waren sehr hell, seine Schuppen überlappten sich mit der vollkommensten Regelmäßigkeit und seine Bewegungen waren außerordentlich schnell. Er verließ seine kleine Herrin nie und lag gewöhnlich in einer Haarschleife in der Nähe des Kamms verborgen. Dort eingebettet begleitete er sie zum Theater, zum Spaziergang, zu Abendgesellschaften, ohne auch nur einmal seine Anwesenheit zu verraten; nur wenn das junge Mädchen Klavier spielte, verließ er seinen Rückzugsort, kletterte ihre Schulter hinab und kroch bis zum Ende des Arms hervor, wobei er immer die rechte Hand, die die Melodie spielt, der linken, die die Begleitung übernimmt, vorzog – was seine Vorliebe für Melodie statt Harmonie bezeugte.

Jacques' Haus war ein mit Moos ausgekleideter Glaskasten, in dem einst russische Zigarren aus der Elisée- Manufaktur aufbewahrt worden waren. Man kann also mit Recht sagen, dass sein Privatleben öffentlich war. Seine Nahrung bestand aus Milchtropfen, die er am liebsten von der Fingerspitze seiner Herrin nahm. Er starb vor Kummer und Hunger während ihrer Abwesenheit auf einer Reise, der sie ihn wegen der Härte des Wetters nicht aussetzen wollte.

Balylas , den Spatz, ist nichts weiter zu berichten, als dass er gestorben ist. Ein Schlag mit einer Klaue unter seinen Flügel beendete seine Karriere und er wurde in einer Dominoschachtel begraben.

Jetzt müssen wir nur noch Margot, die Elster, beschreiben – eine äußerst intelligente und gesprächige Klatschtante, die es wert war, in einem Weidenkäfig im Fenster eines Concierge zu leben und mit weißem Käse gefüttert zu werden. Wir haben viel Zeit damit verschwendet, ihr die toten Sprachen beizubringen. Man konnte ihr nie beibringen, das lateinische Wort „ Bonjour " richtig auszusprechen, wie es die pompejanischen Elstern taten. Sie konnte nicht „Ave" sagen, aber sie sagte eine Menge anderer Dinge. Sie war ein äußerst komischer und unterhaltsamer Vogel, der mit den Kindern Verstecken spielte, den Pyrrhustanz tanzte und furchtlos jede Menge Katzen angriff, ihnen nachlief und sie in die Schwanzspitzen zwickte; diese bösartige Tat ergänzte sie immer mit lautem Gelächter. Sie war so diebisch wie die „Gazza Ladra " selbst und hätte zehn Diener aufgrund falscher Anschuldigungen hängen lassen können. Im Handumdrehen riss sie jedes Messer, jede Gabel und jeden Löffel vom Tisch. Geld, Scheren, Fingerhüte, alles, was glänzte, schnappte sie sich und flog damit schnell in ihr Versteck. Da wir alle die Ecke kannten, in der sie ihr Diebesgut deponierte, ließen wir sie das tun; aber die Diener einer benachbarten Familie waren weniger nachsichtig und töteten sie eines Tages, weil sie, wie sie behaupteten, ein Paar neue Laken gestohlen hatte – eine Anschuldigung, die uns an die winzige Katze in „Wie man Erfolg hat" denken ließ, die vier Pfund Butter verschlang und danach nur noch drei Viertel Pfund wog! Der Herr und die Herrin des Hauses missbilligten die Idee und schickten die närrischen Diener sofort weg; aber diese Vergeltung verbesserte die Sache nicht, Dame Margots Genick war nichtsdestotrotz umgedreht. Die ganze Nachbarschaft, die durch ihre gute Laune und ihre Streiche ständig in Belustigung gehalten worden war, betrauerte sie.

KAPITEL VI.
PFERDE.

Beschuldigen Sie uns nicht vorschnell der Geizhalsigkeit, wenn Sie die Überschrift dieses Kapitels lesen. Pferde! – ein herrliches Wort für die Feder eines Literaten. *Musa pedestris* (die Muse geht zu Fuß), sagt Horaz, und der ganze Parnass zusammen hatte nur ein einziges Pferd im Stall, den bekannten Pegasus; und dieser war, wenn wir Schillers Ballade glauben dürfen, ein Tier mit Flügeln und überhaupt nicht leicht zu zügeln. Wir sind leider keine Sportler und bedauern dies zutiefst, denn wir lieben Pferde so sehr, als hätten wir ein Einkommen von fünfhunderttausend Francs im Jahr, und stimmen mit den Arabern in ihrer Verachtung für Menschen, die gezwungen sind zu gehen, völlig überein. Ein Pferd ist der natürliche Sockel für einen Menschen, und die perfekte Existenz ist die des Kentauren – dieser genialen mythologischen Erfindung.

Doch obwohl wir einfache Literaten sind, hatten wir einst Pferde. Als wir im Jahre 1843 oder 1844 damit beschäftigt waren, den Sand des Journalismus durch das Sieb der Tageszeitungen zu sieben, tauchten genügend Goldkörner auf, um hoffen zu können, außer Hunden, Katzen und Elstern auch Futter für ein paar größere Haustiere zu finden. Zuerst waren es ein Paar Shetlandponys, etwa so groß wie große Hunde und zottig wie Bären, die uns durch ihre langen schwarzen Mähnen mit so freundlichen Gesichtern ansahen, dass wir sie lieber mit in die gute Stube nahmen als in ihren Stall zu schicken. Sie holten sich den Zucker aus unseren Taschen, ganz wie dressierte Pferde. Zum Gebrauch waren sie jedoch viel zu klein. Sie hätten sich sehr gut dazu geeignet, ein achtjähriges englisches Kind zu tragen oder als Kutschenpferde für Däumling zu dienen; aber schon damals waren wir mit dem gleichen athletischen Körperbau gesegnet wie heute und mit dem gleichen üppigen Fleisch gekrönt, das uns noch immer auszeichnet und das wir seit vierzig aufeinanderfolgenden Jahren tragen können, ohne unter seinem Gewicht nachzugeben. Der Größenunterschied zwischen Herr und Tier war für das Auge allzu offensichtlich, obwohl man den Ponys zugutehalten muss, dass sie überhaupt keine Schwierigkeiten damit hatten, ihren leichten Phaeton zu ziehen, an dem sie mit einem winzigen Geschirr aus hellem rehbraunem Leder befestigt waren, das aussah, als hätte man es in einem Spielzeugladen gekauft.

Damals gab es noch nicht so viele illustrierte Comic-Zeitschriften wie heute, aber es gab genug, die uns und unsere Equipage karikierten. Natürlich hatten wir, mit der in solchen Fällen zulässigen Übertreibung, elefantenhafte Ausmaße, wie die von Ganesa, dem indischen Gott der Weisheit, während die Ponys auf die Größe von Welpen schrumpften – oder noch weniger auf die von Ratten und Mäusen. Es stimmt, dass wir die kleinen Geschöpfe ohne große Schwierigkeiten hätten tragen können, eines unter jedem Arm, und den Phaeton dazu auf dem Rücken. Einen Moment lang erwogen wir die Möglichkeit, vier anzuspannen, aber dieses liliputanische Vierspännergespann wäre noch auffälliger gewesen. Mit großem Bedauern (denn wir hatten die sanften Geschöpfe bereits lieb gewonnen) tauschten wir sie daher gegen ein Paar Apfelschimmel-Ponys von größerer Größe mit starken Hälsen, breiter Brust und massiven Schultern ein, die zwar weit davon entfernt waren, Mecklenburger zu sein , aber zumindest aussahen, als könnten sie erwachsene Menschen anziehen. Es waren Stuten, die eine hieß Jane und die andere Betsey.

Vom Aussehen her waren sie sich so ähnlich wie ein Ei dem anderen. Niemals passten sie einander besser, was das Aussehen betraf; aber im Verhältnis zu Janes Temperament war Betsey träge. Während die erstere am Halsband zog, trabte die andere zufrieden neben ihr her, drückte sich vor der Arbeit und machte sich keinerlei Mühe. Diese beiden Tiere, von derselben Rasse, im selben Alter und dazu bestimmt, Seite an Seite in Ställen zu leben, empfanden die stärkste Abneigung gegeneinander. Sie konnten einander nicht ausstehen, kämpften im Stall und schnappten und bissen, wenn sie im Schlepptau tänzelten. Nichts konnte sie versöhnen. Es war auch schade, denn mit ihren bürstenartigen Mähnen, die wie die der Pferde des Parthenon geschnitten waren, ihren schnaubenden Nüstern und vor Wut geweiteten Augen boten sie einen ziemlich triumphalen Anblick, wenn sie die Champs Elysées auf und ab liefen .

Wir mussten nach einem Ersatz für Betsey suchen und fanden einen in einer kleinen Stute mit etwas hellerer Hautfarbe, denn der gewünschte Farbton konnte nicht genau erreicht werden. Jane war sofort mit diesem Neuankömmling zufrieden, von dem sie entzückt schien, und sie erfüllte die Ehre des Stalles auf anmutige Weise. Bald entwickelte sich zwischen ihnen die zärtlichste Freundschaft; Jane legte ihren Kopf auf die Schulter von Blanche – so genannt, weil ihr Grauton an Weiß grenzte – und wenn sie zum Lüften in den Hof gelassen wurden, spielten sie zusammen wie Hunde oder Kinder. Wenn einer von ihnen im Einzelgeschirr hinausgetrieben wurde, schien der andere, der zurückblieb, traurig, zeigte Anzeichen von Einsamkeit, und wenn sie in der Ferne die Hufe ihrer Kameradin auf dem Pflaster hörte, stieß sie ein freudiges Wiehern wie den Stoß einer Trompete aus, auf das ihre sich nähernde Freundin stets antwortete.

Sie ließen sich mit bemerkenswerter Fügsamkeit anspannen und gingen von selbst an ihre richtigen Plätze auf beiden Seiten des Mastes. Wie alle Tiere, die geliebt und freundlich behandelt werden, erlangten Jane und Blanche bald vollkommenes Vertrauen und Vertrautheit. Sie folgten uns auf ihren Hinterbeinen wie Hunde, und wenn wir stillstanden, legten sie ihre Köpfe auf unsere Schultern, um gestreichelt zu werden. Jane liebte Brot, Blanche

Zucker. Beide liebten Wassermelonenschale, und es gab nichts, was sie nicht taten, um diese Leckereien zu bekommen.

Wären die Menschen nur nicht so abscheulich wild und brutal, wie sie es allzu oft sind, wie fröhlich und gutmütig würden die Tiere um sie herumspielen! Dieses Wesen, das denken, sprechen und so viele Dinge tun kann, die sie nicht verstehen, erfüllt ihre vage begriffenen Gedanken und ist für sie ein ständiges Erstaunen und Mysterium. Wie oft sehen uns Tiere mit Augen an, die voller Fragen sind – Fragen, auf die wir nicht antworten können, da wir den Schlüssel zu ihrer Sprache nicht haben! Sie haben jedoch eine Sprache, mit der sie durch Laute und Betonungen, die wir kaum bemerken, Ideen austauschen – verwirrt vielleicht, aber immerhin Ideen, wie sie Geschöpfe aus ihrem Gefühls- und Handlungsbereich verstehen können. In diesem einen Fall sind sie weniger dumm als wir selbst und lernen ein paar Worte unserer Sprache, aber nicht genug, um mit uns sprechen zu können. Diese Worte sind meist Antworten auf unsere Forderungen an sie, daher ist unser Verkehr natürlich kurz. Dass Tiere miteinander sprechen, daran kann aber niemand zweifeln, der schon einmal in vertrauter Gemeinschaft mit Hunden, Katzen, Pferden oder anderen Tieren gelebt hat.

Ein Beispiel hierfür ist Jane, die von Natur aus vollkommen furchtlos war, vor keinem Hindernis zurückschreckte und sich vor nichts fürchtete. Nachdem sie einige Monate im selben Stall wie Blanche gelebt hatte, änderte sie ihren Charakter und begann plötzliche und unerklärliche Ängste zu zeigen. Ihre schüchternere Gefährtin hatte ihr zweifellos nachts Geistergeschichten erzählt. Manchmal, wenn sie in der Dämmerung durch den Bois de Boulogne raste, blieb Blanche abrupt stehen und wich abrupt zur Seite aus, als wollte sie einem Phantom ausweichen, das ihr, für uns unsichtbar, erschienen war. Am ganzen Leib zitternd, mit lautem Atem und schweißbedecktem Körper bäumte sie sich auf, wenn wir versuchten, sie durch Berührung mit der Peitsche zum Weitergehen zu bewegen. Jane konnte sie nicht zwingen, uns zu folgen, so sehr sie es auch versuchte. In diesen Fällen blieb nichts anderes übrig, als auszusteigen, Blanche die Augen zuzudecken und sie ein paar Schritte weiterzuführen, bis die Erscheinung verschwand. Jane ließ sich schließlich von diesen Schrecken überwältigen, die Blanche ihr, als sie wieder sicher in ihrem Stall war, zweifellos ausführlich erklärte. Wir müssen offen zugeben, dass wir nicht verhindern konnten, dass uns ein kalter Schauer über den Rücken lief, als wir mitten auf einer dunklen Gasse, die im Mondlicht ein phantastisches Licht und Schatten zeigte, die sonst so sanftmütige Blanche – die, um sie zum Galoppieren zu bringen, nichts Schwereres brauchte als die Peitsche von Königin Mab, die aus Grillenknochen mit hauchdünnen Peitschen bestand – plötzlich auf ihre vier Beine stand, als hätte ein Gespenst ihren Zügel gepackt, und sich mit unbezwingbarer Hartnäckigkeit weigerte, einen Schritt vorwärts zu gehen.

Als wir den Schatten mit unruhigen Blicken absuchten, bildeten wir uns fast ein, darin das gespenstische Antlitz einer von Goyas „Caprices" zu erkennen, wo in Wirklichkeit nur unschuldige Silhouetten von belaubten Birken oder Buchen zu sehen waren.

Es war eine unserer großen Freuden, diese bezaubernden Tiere selbst zu lenken, und bald entwickelte sich zwischen uns ein inniges Verständnis. Wenn wir die Zügel in der Hand hielten, dann hauptsächlich, um das Ding anzuschauen. Das kleinste Zungenschnalzen genügte, um sie nach rechts oder links zu lenken, sie langsamer fahren zu lassen oder sie zum Stehen zu bringen. In kürzester Zeit lernten sie alle unsere Gewohnheiten. Sie gingen von selbst zur Zeitungsredaktion, zu den Druckern, zu den Redakteuren, zum Bois de Boulogne, zu den Häusern, in denen wir an bestimmten Wochentagen speisten, und das alles mit einer solchen Genauigkeit, dass es schließlich absolut kompromittierend wurde. Durch Rücksprache mit Jane oder Blanche hätte jeder die Adresse unserer geheimnisvollsten Besuchsorte herausfinden können. Wenn wir während einer interessanten oder zärtlichen Unterhaltung den Lauf der Zeit vergaßen, riefen sie uns dies durch Wiehern und Stampfen mit ihren Hufen unter dem Balkon in Erinnerung.

Obwohl es angenehm war, in einem Phaeton durch die Stadt zu fahren und sich von unseren kleinen Freunden ziehen zu lassen, konnten wir nicht umhin, den Wind manchmal scharf und den Regen kalt zu finden, wenn die Monate kamen, die im republikanischen Kalender so treffend als „Brumaire, Frimaire , Pluviôse , Ventôse und Nivôse " getauft wurden. Wir kauften daher ein blaues Coupé mit weißen Ripsfutter, das so klein war, dass die Leute es mit dem des berühmtesten Zwergs unserer Zeit verglichen, eine Beleidigung, die uns wenig störte. Auf das blaue folgte ein braunes Coupé mit granatrotem Futter, das später durch eines in der Farbe von Krähenaugen mit dunkelblauen Polstern ersetzt wurde; denn wir schwelgten in Kutschen, obwohl wir nichts weiter als arme Schreiberlinge waren, ohne Einkommen, das im großen Buch aufgeführt war, und ohne Vermächtnisse für die zurückliegenden Jahre; und unsere Ponys, obwohl sozusagen mit Literatur ernährt, mit Substantiven für Heu, Adjektiven anstelle von Hafer und Adverbien statt Stroh, waren deswegen nichtsdestotrotz fett und glänzend. Leider kam gerade in diesem Moment, niemand wusste genau warum, die Februarrevolution. Pflastersteine wurden überall aus patriotischen Gründen ausgehoben, und die Straßen waren für Fahrzeuge mit Rädern nicht mehr befahrbar. Mit unseren flinken Ponys und ihrer leichten Equipage hätten wir die Barrikaden leicht erklimmen können, aber unglücklicherweise hatten wir nirgendwo mehr Kredit als in der Garküche. Pferde können nicht mit Brathähnchen gefüttert werden. Am Horizont hingen schwere schwarze Wolken, über die rote Blitze zuckten. Das Geld war alarmiert und beeilte sich, sich zu verbergen. Die Zeitung, für die wir schrieben, stellte ihr

Erscheinen ein, und wir schätzten uns glücklich, als ein Käufer auftauchte und uns Pferde, Geschirre und Kutschen für ein Viertel ihres Wertes abnahm. Es war ein großer Kummer für uns, sie gehen zu lassen, und wir können nicht schwören, dass nicht die eine oder andere salzige Träne auf die Mähnen von Jane und Blanche gefallen sein mag, als sie weggeführt wurden.

Sie werden gelegentlich von ihrem neuen Besitzer an ihrem alten Zuhause vorbeigefahren; und immer machen die leichten Füße einen Augenblick unter den Fenstern Halt, um zu bezeugen, dass sie das Heim, in dem sie einst so umsorgt und so zärtlich geliebt wurden, nicht vergessen haben. Dann atmen wir bitter und mitfühlend auf und sagen aus tiefstem Herzen: „Arme Jane! Arme Blanche! Sind sie glücklich?“

Bei der Erschöpfung unseres winzigen Vermögens ist ihr Verlust der einzige, der uns wirkliches Bedauern bereitet.